Rheinisch-Westfälische Akademie der Wissenschaften

Geisteswissenschaften Vorträge · G 178

Herausgegeben von der
Rheinisch-Westfälischen Akademie der Wissenschaften

THEODOR SCHIEDER

Hermann Rauschnings „Gespräche mit Hitler" als Geschichtsquelle

Westdeutscher Verlag · Opladen

169. Sitzung am 21. Juli 1971 in Düsseldorf

ISBN 978-3-663-01831-5 ISBN 978-3-663-01830-8 (eBook)
DOI 10.1007/978-3-663-01830-8

Gesamtherstellung: Westdeutscher Verlag GmbH

Hans Rothfels

zum 80. Geburtstag

in Dankbarkeit

Inhalt

1.

Um die Wende des Jahres 1939/40 erschien, zuerst in französischer Sprache unter dem Titel „Hitler m'a dit", dann deutsch das Buch von Hermann Rauschning „Gespräche mit Hitler" im Europa Verlag Zürich. Diese Veröffentlichung war unter der deutschen Emigrantenliteratur neben dem sogenannten „Braunbuch" einer der größten Bestseller. Von der französischen Ausgabe waren allein in der Schweiz Anfang Februar 1940 schon an die 15 000 Exemplare verkauft [1]. Gleichzeitig und später sind noch Ausgaben in vielen anderen Sprachen erschienen [2]. Ein solcher Erfolg war ungewöhnlich; Rauschning hat ihn mit keinem seiner Werke, auch nicht mit seinem ein Jahr älteren, wohl bedeutenderen Buche „Die Revolution des Nihilismus" erreicht [3]. Es müssen dafür bestimmte Gründe vorgelegen haben, auf die wir noch zu sprechen kommen werden.

[1] Peter Stahlberger, Der Zürcher Verleger Emil Oprecht und die deutsche politische Emigration 1933–1945. Mit einem Vorwort von Prof. Dr. J. R. v. Salis, Europa Verlag Zürich 1970, S. 284.

[2] In W. Sternfeld – E. Tiedemann, Deutsche Exilliteratur 1933–1945. Eine Bibliographie, Heidelberg ²1970 werden für das Jahr 1939 zwei französische (Gallimard und Coopération: „Hitler m'a dit"), eine holländische, schwedische, englische („Hitler speaks"), für 1940 eine deutsche („Gespräche mit Hitler", Zürich, New York, Europa Verlag), für 1940 eine amerikanische („The voice of destruction", New York), spanische („Hitler me dijo, Mexiko, Ed. Mexicana), isländische, schwedische, für 1941 eine hebräische (Tel Aviv), für 1944 eine italienische („Hitler mi ha detto", Roma, Ed. delle catacombe) genannt. Als authentischer Text wurde vom Autor in einem Briefe vom 22. Februar 1971 die in der Schweiz erschienene deutsche, die französische und die englische Ausgabe bezeichnet, hingegen hat er gegen die amerikanische Ausgabe (The voice of destruction) starke Vorbehalte angemeldet, weil der Übersetzer versucht habe, „eine nachträgliche Chronologie künstlich hineinzukonstruieren". Nach P. Stahlberger, a.a.O., S. 285 ist eine 64seitige gekürzte Ausgabe zum illegalen Vertrieb in Deutschland unter dem Titel „Hitler, Gespräche und Enthüllungen" erschienen, die auch das in der deutschen Verkaufsausgabe weggelassene Kapitel „Hitler privat" enthalten haben soll. In den Akten des Auswärtigen Amtes wird noch von folgenden Ausgaben gesprochen: in einer Note der Deutschen Gesandtschaft in Oslo vom 18. März 1940 von einer norwegischen (Hitler har sagt det), deren Zurückziehung von der norwegischen Regierung verlangt wurde; einer portugiesischen (Telegramm Deutsche Gesandtschaft vom 4. Mai 1940), einer türkischen (Mitteilung Deutsche Botschaft vom 3. Oktober 1940), deren Verbot vom türkischen Ministerrat ausgesprochen worden sei.

[3] Erschienen Zürich, Europa Verlag 1938, auch noch eine amerikanische, englische, fran-

Wer war der Autor dieses Buches [4]? Hermann Rauschning stammt aus Westpreußen und wurde 1887 in Thorn als Sohn eines Offiziers geboren. Man muß ihn, der in seiner Jugend Kadett und Kriegsoffizier gewesen war, nach seinen Neigungen und seinen Studien dem Bildungsbürgertum zurechnen: er war ein vielseitig gebildeter Mann, promovierte in Musikgeschichte und hätte unter normalen Zeitverhältnissen wohl eine wissenschaftliche Laufbahn eingeschlagen. Die politischen Entscheidungen von 1918/19 machten den Westpreußen zum Bürger des polnischen Staates, in dem sich das eingeborene Deutschtum vor das Dilemma zwischen einem offenen Irredentismus und der Hinnahme eines sich mit dem neuen Gaststaat abfindenden Minderheitenstatus gestellt sah. Rauschning trieb jetzt von Posen aus deutsche Kulturpolitik, er organisierte dort das deutsche Büchereiwesen, begründete und leitete wissenschaftliche und kulturpolitische Zeitschriften; man kann von einer nationalkulturellen Sammlungspolitik in einem fremden nationalstaatlichen System sprechen, in dem die Rollen zwischen herrschender und beherrschter Nationalität vertauscht waren. Die Basis dieser Tätigkeit ist von polnischer Seite immer mehr eingeengt worden, so daß Rauschning selbst sich an dem Prozeß der Abwanderung des Deutschtums beteiligte, den er später in einem vielbeachteten Buche beschrieben hat. Im Jahre 1926 erwarb er einen Bauernhof im Gebiete der Freien Stadt Danzig, von deren Boden aus die Verbindungen zum Deutschtum in Polen immer noch offener blieben als vom Reiche aus. Hier schrieb er sein Buch über die Entdeutschung Westpreußens und Posens (1930), das mit umfassender Detailkenntnis und ruhigem Urteil den Rückgang des Deutschtums in den ehemaligen deutschen Ostprovinzen als einen sozialen Prozeß, vorangetrieben vom polnischen Staat mit politischen und psychologischen Mitteln, verstand. Der Doktor der Philosophie betrieb aber jetzt auch die Landwirtschaft mit Nachdruck und Systematik und geriet über sie in die Politik: er wurde Vorsitzender des Landbundes in Danzig und kam dadurch mit der NSDAP in Berührung, der er im Jahre 1931 beitrat. Der Nationalismus des jungen Rauschning war aus den ostdeutschen Erfahrungen nach 1918 entstanden, aber er sah

zösische, holländische, schwedische und italienische Ausgabe. Neu herausgegeben mit Kürzungen von Golo Mann, Europa Verlag Zürich 1964. Hier wird nach dieser Ausgabe zitiert.

4 Für eine Reihe von Angaben bin ich Georg Streiter, einem früheren Danziger Mitarbeiter von Rauschning, dankbar. Sonst finden sich nähere Angaben bei Richard Breyer, Das Deutsche Reich und Polen 1932–1937. Außenpolitik und Volksgruppenfragen, Würzburg 1955, S. 87, Anm. 83. In den Akten des Politischen Archivs des Auswärtigen Amts findet sich eine „Aufzeichnung für den Empfang des Herrn Rauschning bei dem Herrn Reichspräsidenten" (undatiert, zu den Akten verfügt am 3. XI. 1933. Abt. IV Akten betr. Polit. Beziehungen Danzigs zu Deutschland – Politik 2 Danzig – Bd. 3). Sie enthält eine kurze biographische Skizze Rauschnings.

das Verhältnis von Deutschen und Polen niemals ganz im herkömmlichen Sinne als einen Gegensatz, für den es keine Vermittlung gab. Sein Nationalkonservativismus strebte über konventionelle Auffassungen seiner deutschnational geprägten Umwelt hinaus, er nahm aber auch deren falsche Einschätzung der NSDAP voraus, indem er sich von ihr „die Aktivität, die aus der tödlichen Stagnation des politischen Lebens zu reißen versprach", erwartete und in ihr „eine unverbrauchte neue Kraft im elementarsten Sinne" sah, die „von den Schlacken ihres Durchbruchs" befreit in einem nationalen Sinne zu nutzen war [5]. Dieses radikale Mißverständnis zu kennen ist wesentlich, um in die Hintergründe der Lebensgeschichte des Autors der „Revolution des Nihilismus" und der „Gespräche mit Hitler" zu blicken.

Rauschning war zunächst in der Partei als Agrarexperte tätig; dies ließ ihn die Krise, in der sich auch die Wirtschaft des künstlichen Gebildes der Freien Stadt Danzig im Rahmen der allgemeinen wirtschaftlichen Krise befand, anfangs weniger aus der Perspektive eines in seinem Bestande gefährdeten Transithafens als mit den Augen der vor Überkapazität und Preisverfall stehenden Landwirtschaft sehen. Rauschning stieg in der Partei rasch auf: er wurde stellvertretender Gauleiter und nach dem sensationellen Wahlsieg der NSDAP am 28. Mai 1933, bei dem die Hitler-Partei weit mehr als in den Reichstagswahlen vom März, nämlich 50,03 % der Stimmen gewann, Präsident des Senats der Freien Stadt [5a].

Spätestens in diesem Augenblick zeigten sich zum erstenmal Abweichungen in der Haltung Rauschnings von der offiziellen Politik der Partei in Danzig, die unter dem Gauleiter Albert Forster stand. Dieser sah den nationalsozialistischen Wahlsieg als Vorstufe des Anschlusses ans Reich, ohne Rücksicht auf den besonderen Status der Freien Stadt und auch ohne Verständnis für die sich rasch wandelnde Taktik der Hitlerschen Politik gegenüber Polen. Rauschnings anfänglicher Vorteil lag nicht nur darin, daß er gegenüber dem bayrischen Franken Forster das einheimische ostdeutsche Element vertrat und trotz allem dadurch geprägten Nationalismus über weit subtilere Kenntnisse von Polen verfügte, sondern daß er in dem Moment ans Ruder kam, in dem Hitler eine taktisch bedingte Annäherung an Polen vollzog. So ging Rauschning anfangs trotz der Mehrheit der NSDAP im Danziger Volkstag eine Koalition mit den Deutsch-Nationalen und dem

[5] Zitat nach „Rauschnings Absage an Hitler". Deutsche Freiheitspartei (Hrsg.), London um 1940, S. 2 bei P. Stahlberger, a.a.O., S. 206.

[5a] Nach einer Mitteilung von Georg Streiter amtierte Rauschning schon seit Februar 1933 als „präsumptiver Regierungschef" in einem vom Senat finanzierten provisorischen Büro im Hotel „Danziger Hof", vor allem um von hier aus finanzielle Sicherungen für Danzig durch Zusagen der neuen Reichsregierung zu schaffen.

Zentrum ein, er suchte das Verhältnis zu Polen zu entspannen, nachdem noch im März die Verstärkung der polnischen Garnison auf der Westerplatte zu einer gefährlichen Zuspitzung geführt hatte und Gerüchte über polnische Präventivkriegspläne umgingen. Später hat Rauschning davon gesprochen, daß Danzig im April 1933 „unmittelbar vor einem neuen Schuß von Sarajewo" gestanden habe [6]. Er machte als erster Danziger Regierungschef seit dem Präsidenten Sahm in Warschau einen offiziellen Antrittsbesuch und erreichte in zwei Abkommen vom 5. August [7] polnische Garantien für die Ausnutzung der Danziger Hafenkapazität, die durch das Vordringen des polnischen Konkurrenzhafens Gdingen in besorgniserregendem Maße zurückgegangen war und jetzt auf 50 % des polnischen Handelsumsatzes stabilisiert werden sollte. Dafür gewährte Danzig den polnischen Staatsangehörigen in Danzig Rechte, die weit über das bisherige Maß hinausgingen. Rauschning segelte hier im Fahrwasser Hitlerscher Entspannungspolitik gegenüber Polen, aber unzweifelhaft verband er damit von vornherein eine andere Konzeption, in der Danzig so etwas wie einen Drehpunkt der deutsch-polnischen Beziehungen darstellen sollte. Jedenfalls verfehlte er damit völlig die rein funktionelle Bedeutung, die die Freie Stadt im Zusammenhang von Hitlers Bemühungen um eine vorübergehende Beruhigung des deutsch-polnischen Verhältnisses spielen sollte. Die Annäherung an Hitler war daher nur eine vorübergehende, ja, scheinbare, und je klarer es sich herausstellte, daß Rauschning der einzige gewesen ist, der eine Verständigung mit Polen im Rahmen größerer ostpolitischer Pläne ernst nahm, desto unhaltbarer wurde seine Lage. Sein Gegenspieler Forster nutzte diese Schwäche seiner Position bis zum letzten aus; Rauschnings Sturz im November 1934 mag an der Oberfläche andere Ursachen wie z. B. die Frage der Abwertung des Danziger Guldens gehabt haben, im letzten entsprang er fundamentalen Richtungsunterschieden zwischen der Hitlerschen Politik, die alles, auch die Reihenfolge ihrer Aktionen, ihren großen politischen Zielen unterordnete, und auf der anderen Seite der Politik des Danziger Senatspräsidenten, der einen Ausgleich mit den neuen Staaten in Osteuropa suchte. Im einzelnen wird darauf noch zurückzukommen sein.

Rauschning ging nach einigem Ausharren in Danzig [8] und nach seinem

[6] Zitat nach einer Rede Rauschnings vor der Danziger NSDAP bei H. Roos, Die „Präventivkriegspläne" Pilsudskis von 1933, Vierteljahrshefte für Zeitgeschichte III, 1955, S. 346.

[7] Einzelheiten bei R. Breyer, Das Deutsche Reich und Polen, S. 91 f.

[8] In den letzten Monaten seines Danziger Aufenthalts ist Rauschning politisch nicht untätig geblieben. Nach einer Mitteilung Ernst Ziehms (Aus meiner politischen Arbeit in Danzig 1914–1939, Marburg ²1960, S. 196) verschickte er im Danziger Wahlkampf 1935 ein Flugblatt, in dem er die „Politik von Abenteuern" der „Umgestaltung der inneren Rechtslage" Danzigs, „eine Politik des Rausches und der Hysterie, der organisierten Über-

Parteiausschluß „wegen dringenden Verdachts des Landesverrats“ [9] in die Emigration und suchte vergeblich, wohl zeitweise auch mit der Ambition, Regierungschef einer deutschen Exilregierung zu werden, durch Verhandlungen mit einer Deutschen Freiheitspartei sich wieder politisch ins Spiel zu bringen [10]. Sein Weg führte ihn von Polen über die Schweiz, Frankreich, England nach USA, wo er heute noch lebt. Was seine unmittelbare politische Wirksamkeit betrifft, so teilte Rauschning die fast allgemeine Einflußlosigkeit der deutschen Emigration während des Krieges, soweit sie nicht direkt in den Dienst ihrer Gastländer trat. Als „konservativer Revolutionär“ stieß er bei den linken Emigranten zudem auf Ablehnung und Widerstand. Die Leistung Rauschnings und die Ausstrahlungen, die von ihr ausgingen, waren vielmehr publizistisch-politische: seine Bücher erregten Aufsehen und behielten ihren Wert als Zeugnisse einer Fähigkeit zur Analyse des Phänomens Nationalsozialismus, wie sie nur von einem Manne kommen konnten, der dieses Phänomen auch von innen kannte und ihm nicht nur von außen als Gegner gegenübergetreten war. Damit stehen wir bei der vorhin zurückgestellten Frage nach den Gründen für die große Wirkung, die von seiner „Revolution des Nihilismus“, vor allem aber von den „Gesprächen mit Hitler“ ausgelöst wurde.

Dabei ist eine Reihe von Momenten von Bedeutung gewesen: zunächst war es sicher nicht belanglos, daß hier ein Autor sprach, der aus der Stadt kam, die den Anlaß zum Krieg gegeben hatte: Danzig war kaum ein halbes Jahr nach Kriegsausbruch noch mehr als der Name einer beliebigen Stadt; auf diese Stadt hatten sich Befürchtungen und Hoffnungen von Millionen

steigerung und der lauten Überheblichkeit“ verurteilte. Text des Flugblatts in Otto Roeckh, Die Wahrheit über Danzig, Wien 1935, S. 42–46 (Die Ablichtung verdanke ich der Bibliothek des „Hauses des Deutschen Ostens“ in Düsseldorf). Rauschning selbst berichtet von einer Denkschrift nach seinem Rücktritt als Danziger Präsident „allerdings nicht an die Adresse des unbelehrbaren Nationalsozialismus“, in der er auf die dringende Lage Danzigs aufmerksam zu machen versuchte (Revolution des Nihilismus, S. 291).

[9] Nach Mitteilung von Herrn Georg Streiter, der betont, daß diese Begründung keinerlei substantielle rechtliche Bedeutung gehabt habe. Eine Ausbürgerung Rauschnings aus der Freien Stadt Danzig, von der Rauschning selbst in seinem Buche „Deutschland zwischen West und Ost“, Berlin 1950, S. 19 schreibt, konnte ich in den Akten nicht feststellen. Dies gilt auch für die Reichsbürgerschaft in der Zeit nach der 1939 vollzogenen Eingliederung der Freien Stadt Danzig ins Reich. In einem Aktenstück betr. Dr. Hermann Rauschning (USA-Staatsangehöriger) (Politisches Archiv des Auswärtigen Amts Inland II A/B 116/1 vom 7. 7. 1942 [?]) findet sich die Bemerkung: „Ausbürgerung bestand nicht. Durch Erwerb USA Staatsangehörigkeit jetzt hinfällig.“ Offenbar hat Rauschning aber das USA-Bürgerrecht erst nach dem Kriege erworben (dazu „Deutschland zwischen West und Ost“, S. 20).

[10] Dazu die noch ungedruckte Dissertation von Beatrix Wrede-Bouvier über die Deutsche Freiheitspartei, Frankfurt 1969, S. 87 ff.

gerichtet, die Frage, ob es lohne „mourir pour Dantzig", wurde noch immer gestellt. Hier kam nun ein Mann, der in seiner Weise eine Alternative aufzeigte zu dem, was sich *wegen* und *in* Danzig ereignet hatte, ohne daß schon im Winter 1939/40 sich überschauen ließ, was alles noch daraus folgen würde. Dazu kam ein zweites: wohl gab es bis in die erste Phase des Krieges schon eine beträchtliche Literatur über Hitler und den Nationalsozialismus, unter ihr auch schon beachtliche und durch Scharfsinn ausgezeichnete Werke wie das von Konrad Heiden, aber es gab kaum unmittelbare Zeugnisse von Männern, die zum engeren Kreis Hitlers gehörten, es sei denn panegyrische Schriften wie Goebbels' „Vom Kaiserhof zur Reichskanzlei". Auch Äußerungen derer, die sich von Hitler getrennt hatten, waren relativ dünn gesät; Männer wie Gregor Strasser konnten nach der Machtergreifung nicht mehr das Wort ergreifen. Es blieben die Schriften seines in die Emigration gegangenen Bruders Otto Strasser, vor allem dessen etwa gleichzeitig mit den Rauschning-Gesprächen Ende 1939 – Anfang 1940 in Buenos Aires erschienene „Hitler und ich", die abgesehen von dem Kapitel „Der Mensch Hitler" – das übrigens in der Deutung mit Rauschning weithin übereinstimmt – kaum bedeutendes Niveau hatte. In dieses Vakuum stießen Rauschnings „Gespräche mit Hitler", ein Werk, das beanspruchte, authentische Aussagen nicht nur über, sondern von dem Diktator zu bringen in dem Moment, als dieser den großen Krieg entfesselt hatte: „Diese Gespräche mit Hitler", so las man hier, „sind authentisch. Sie fanden im letzten Jahr vor der Machtergreifung und in den ersten beiden Jahren (1933/34) der nationalsozialistischen Herrschaft statt. Der Berichterstatter hat sich meist unmittelbar unter dem Eindruck des Gehörten Notizen gemacht. Vieles kann als nahezu wörtliche Wiedergabe gelten. Hier spricht sich Hitler im Kreise seiner Vertrauten hemmungslos über seine eigentlichen, vor der Masse geheimgehaltenen Ideen aus . . ." [11] Etwas Derartiges hatte bis dahin noch niemand behauptet, wenig-

[11] S. 6. Bei den Zitaten ist die deutschsprachige, in der Schweiz erschienene Ausgabe von 1940 zugrunde gelegt. Die französische Ausgabe ist vorher erschienen und weicht an einigen Stellen von der deutschen ab. So ist sie in 46 statt wie die deutsche Ausgabe in 17 Kapitel unterteilt, die allerdings meist mehrere Unterabschnitte enthalten. Die Überschriften dieser Kapitel weichen von der deutschen Ausgabe an vielen Stellen ab. So lautet der letzte Abschnitt in der deutschen Ausgabe (S. 259 ff.) „Todesahnung und Märtyrertod", in der französischen „Le testament d'Adolf Hitler". (Über das Kapitel „Hitler privat", vgl. die Anlage 4.) Der Autor hat den Text wohl in Paris niedergeschrieben, Angaben über einen französischen Übersetzer fehlen. Was die den „Gesprächen" zugrunde gelegten Notizen betrifft, so ist mir ihre Existenz von Herrn Georg Streiter bestätigt worden. Sie müssen nach Mitteilung von Hermann Rauschning in einem Briefe vom 22. Februar 1971 „in die Hände der meine Wohnung besuchenden Gestapo gefallen sein". In einem anderen Briefe vom 20. Juni 1960, dessen Ablichtung mir Prof. Hans Mommsen, Bochum, zur Verfügung gestellt hat, äußert sich Rauschning genauer: „Meine Aufzeichnungen und

stens nicht für die Jahre unmittelbar vor und nach der nationalsozialistischen Machtergreifung. Die Faszination des Unmittelbaren, Authentischen war noch immer in der Geschichte eine gewaltige, vor allem wenn sie so wie hier das Gesamtbild bestätigte, das man sich auf Grund der Taten und der oft nicht gesicherten Kunde von ihnen gemacht hatte, und die Irreführung durch tendenziöse Verfälschung ausgeschaltet zu sein schien. Es kann jedoch nicht außer acht gelassen werden, daß es von vornherein Skeptiker und Zweifler an der Echtheit dieser Zeugnisse gegeben hat. Der englische Historiker Trevor-Roper berichtet, der englische Minister Neville Chamberlain habe nach der Veröffentlichung im Jahre 1939 erklärt, daß er kein Wort davon glaube [12]. Der Autor schreibt mir selbst, noch 1940 habe Lord Halifax ihm ins Gesicht die Glaubwürdigkeit seines Berichtes bestritten, und als er im Herbst 1941 in New York angekommen sei, habe der Vertreter der New York Times bekannt, er habe seiner Zeit die Gespräche mit Hitler als schlechte Propaganda kritisiert und abgelehnt [13].

Die Breite und Tiefe der Wirkung des Rauschningschen Buches läßt sich indirekt auch aus der Reaktion der nationalsozialistischen Behörden erschließen [14]. Goebbels hatte sich zunächst dagegen erklärt, gegen Rauschning in irgendeiner Form zu polemisieren [15], gab aber dann doch dem Drängen seines für die Auslandspresse zuständigen Mitarbeiters Karl Bömer nach, der auf

Handakten nebst einer Reihe von Manuskripten ... sind von meiner Tochter, die als letzte Paris vor den einrückenden deutschen Truppen verließ – ich selbst war damals in London –, im Keller unserer Wohnung Quai Louis Bleriot verstaut worden und verlorengegangen. Nachforschungen nach Ende des Krieges haben zu keinem Ergebnis geführt. Wahrscheinlich ist das Material von der Gestapo, die meiner Familie habhaft zu werden versuchte, beschlagnahmt worden. Was ich sonst noch an Aufzeichnungen besaß, die ich nicht in die Emigration mitgenommen hatte, war in dem Hause meiner Schwiegereltern in Thorn, bei denen ich erst Zuflucht suchte, im Verlauf des Krieges und der Wiederbesetzung durch Polen verlorengegangen." Nach diesen Mitteilungen muß angenommen werden, daß Rauschning bei der Niederschrift der „Gespräche mit Hitler" in Paris noch schriftliches Material zur Verfügung stand.
Zu den Auflagen der deutschen Ausgabe:
Nach P. Stahlberger, a.a.O., S. 286, wurde die zweite Auflage trotz dem Verbot des Bundesrats vor allem im Ausland vertrieben. Eine dritte Auflage, die um weitere Stellen gekürzt und im Ausland gedruckt werden sollte, sei nicht erlaubt worden. Mir liegt allerdings ein vierter unveränderter Neudruck vor. Trotz dem vom Schweizerischen Bundesrat ausgesprochenen Verbot der 2. Auflage (vgl. unten S. 16 f.) müssen 1940 mindestens vier Neudrucke erschienen sein.

[12] In dem Aufsatz über Hitlers Kriegsziele, Vierteljahrshefte für Zeitgeschichte VIII, 1960, S. 126.

[13] In einem Brief vom 12. April 1971 an den Verfasser.

[14] Darüber enthält die Publikation „Kriegspropaganda 1939–1941. Geheime Ministerkonferenzen im Reichspropagandaministerium. Herausgegeben und eingeleitet von Willi A. Boelcke", Stuttgart 1966, eine Reihe von Zeugnissen.

[15] Kriegspropaganda, a.a.O., S. 255, Notiz vom 30. Dezember 1939.

die äußerst unangenehme Wirkung des Rauschningschen Buches im neutralen Ausland und „seine große Gefährlichkeit" hinwies[16]. Bömer machte darauf aufmerksam, daß die beweisbare Feststellung „möglich" sei, daß Rauschning nur ganz wenige Male beim Führer war und keineswegs, wie er „behauptet, bei diesem ein- und ausgegangen ist"[17]. Obwohl dazu Material von allen Propagandainstanzen, vor allem vom Gauleiter Forster angefordert wurde und auch eingelaufen ist, ist die beabsichtigte Gegendarstellung dann aber offenbar nicht erschienen und damit der Versuch, die Authentizität des Buches von Rauschning zu erschüttern, unterblieben. Bei dem starken Druck, der auf die Schweizer Behörden von deutscher Seite ausgeübt wurde[18], die Rauschningschen „Gespräche mit Hitler" zu verbieten, ist das Argument, daß es sich bei der Darstellung Rauschnings um eine Fälschung handle, auch nicht verwandt worden. Es wurde vielmehr ausschließlich politisch argumentiert etwa in dem Sinn, daß die Schweiz sich mit der Zulassung des Buches von Rauschning zur Plattform für die Propaganda der Westmächte gemacht habe. Die Rückwirkung einer solchen Handlung auf die deutsch-schweizerischen Beziehungen könnte nicht ernst genug eingeschätzt werden[19]. Die Eidgenössischen Behörden gaben den deutschen Pressionen nur zögernd nach: die erste Auflage hatte der schweizerische Armeestab als zuständige Zensurbehörde unter der Bedingung einiger Streichungen, die sich vor allem auf Äußerungen über die Person Hitlers, u. a. ein ganzes Kapitel mit dem Titel „Hitler privat", bezogen, zugelassen[20]. Erst die zweite Auflage der deut-

[16] Kriegspropaganda, a.a.O., S. 272 und 285.

[17] Kriegspropaganda, S. 285.

[18] Eingehende Darstellung des Verbots der „Gespräche" und seiner Vorgeschichte bei P. Stahlberger, a.a.O., S. 282 ff. und Edgar Bonjour, Geschichte der Schweizerischen Neutralität, Bd. V, S. 208 ff., Basel 1970. Außerdem bei Alice Meyer, Anpassung oder Widerstand. Die Schweiz zur Zeit des deutschen Nationalsozialismus, Frankfurt 1965, S. 101 f.

[19] So in dem Telegramm Nr. 128 vom 14. Februar 1940, abgegangen Bern 15. Februar 1940, 0.32 Uhr der Deutschen Gesandtschaft in Bern, gezeichnet von Th. Kordt. (Büro Staatssekretär, Akten betr. die Schweiz Bd. 1 Politisches Archiv Auswärtiges Amt). Außerdem wichtig der ausführliche Bericht Nr. 1077 der Deutschen Gesandtschaft Bern vom 24. Februar 1940 über die Nationalratsdebatte über Presse und Verbot des Rauschning-Buches, gezeichnet Th. Kordt. (Akten Presseabteilung, Schweiz 1, Bd. 21, Politisches Archiv Auswärtiges Amt). Aus diesem Bericht geht die starke Kritik hervor, die das Verbot der Schrift Rauschnings in der schweizerischen Öffentlichkeit gefunden hat, außerdem finden sich genaue Hinweise auf Meinungsverschiedenheiten zwischen dem Armeestab als Zensurbehörde und dem Politischen Departement des Bundesrats.
Prof. Edgar Bonjour bestätigte mir schriftlich, daß in den Verhandlungen der Deutschen Gesandtschaft mit Schweizer Stellen über das Verbot von deutscher Seite das Argument der Unrichtigkeit der Rauschningschen Darstellung nicht verwandt worden sei. Bei Alice Meyer, Anpassung oder Widerstand, S. 102 wird allerdings das „Luzerner Vaterland" mit folgender Äußerung zitiert: „Bis zum Nachweis, daß Deutschland die Angaben

schen Ausgabe ist dann durch die Intervention des Politischen Departements vom Bundesrat, also auf höchster Ebene, verboten worden, ebenso die Einfuhr dieses Buches in jeder Sprache. Über die Bedeutung der „Gespräche mit Hitler" hatte Bundesrat Motta noch kurz vor seinem Tode ausführlich im Bundesrat gesprochen und seinen Kollegen geraten, dieses Buch zu lesen, da es die eigentlichen Triebkräfte und Beweggründe des deutschen Nationalsozialismus ganz aufdecke [21]. Offenbar sind auch später noch Zitate aus Rauschnings Buch in der Schweizer Presse unterdrückt worden, wenn auch die Durchführung des Verbots im ganzen sehr lax gehandhabt worden zu sein scheint [22]. Der starke Druck durch die deutsche Politik auf die Schweiz – Bonjour spricht in seiner Geschichte der Schweizer Neutralität von einem „heftigen deutschen Trommelfeuer" [23] – läßt auf eine starke Nervosität in Berlin schließen und auf die Einsicht in die gefährliche Wirkung dieses Buches. Dafür spricht auch, daß wenige Monate später der Polizeipräsident von Oslo sofort nach der deutschen Besetzung der Stadt vom deutschen Gesandten ausdrücklich ersucht wurde, die Rauschningschen „Gespräche mit Hitler" in den Buchhandlungen zu beschlagnahmen [24].

Für das Eindringen des Buches von Rauschning in das Reichsgebiet selbst gibt es keine Beweise. So bleibt es unbekannt, in welchem Umfange und auf welchen Wegen die gekürzte Ausgabe, die für den illegalen Vertrieb in Deutschland bestimmt war, tatsächlich über die Grenze gelangt ist. In den Aufzeichnungen Ulrich von Hassells („Vom anderen Deutschland") findet sich unter dem Datum vom 13. Juli 1939 die Bemerkung, daß in den Briefen des englischen Publizisten King Hall, die nach Deutschland versandt wurden, „Rauschning-Zitate" enthalten waren. Dabei kann es sich aber dem Datum nach nur um Stellen aus der „Revolution des Nihilismus" gehandelt haben, die übrigens auch Schacht sich in Basel gekauft und „ganz hervorragend"

Rauschnings glaubhaft bestreitet, muß der Entscheid des Bundesrats (d. h. das Verbot der ‚Gespräche mit Hitler' Anm. des Verfassers) mindestens als merkwürdig bezeichnet werden."

20 Die französische Ausgabe enthält eine Reihe von schärferen Formulierungen, die in der deutschen Ausgabe gemildert sind. Entscheidend bei dieser Streichung war wohl das später vom Bundesrat für das Verbot insgesamt verwandte Argument, daß das Buch Stellen enthalte, die Beleidigungen eines fremden Staatsoberhaupts gleichkämen.

21 Hinweis auf diese Äußerung Mottas bei E. Bonjour, Geschichte der Schweizerischen Neutralität, V., 1970, S. 208 und auch in dem Bericht der Deutschen Gesandtschaft in Bern vom 24. Februar 1940.

22 Dies wird in einem Brief H. Rauschnings an Peter Stahlberger vom 20. Mai 1968 bestätigt, zitiert in Stahlberger, a.a.O., S. 286.

23 A.a.O., S. 208.

24 Akten zur deutschen auswärtigen Politik 1918–1945, Serie D (1937–1945), Bd. IX, S. 113.

gefunden hatte. Sensationeller klingt es schon, daß Hitler selbst über die Rauschningschen „Gespräche" sich in einem relativ gemäßigten Sinn geäußert haben soll, wie es durch den in der Umgebung von Goebbels tätigen Prinzen Friedrich Christian zu Schaumburg-Lippe überliefert wird. Nach ihm habe Hitler einmal, wohl in Hitlers Wohnung in der Reichskanzlei und im Beisein von Goebbels, zu Rauschnings Buch bemerkt, „es sei vieles darin sowohl richtig wie falsch zugleich. Es sei nämlich wohl von ihm gesagt, wirke aber aus dem Zusammenhang gerissen, völlig anders. Auch Dr. Goebbels sei der gleichen Auffassung gewesen" [24a].

In welchem Umfang Rauschning mit seiner Veröffentlichung auf das allgemeine Bewußtsein in den neutralen und kriegführenden Staaten gewirkt hat, ließe sich nur durch eine sorgfältige Analyse der Presse nachweisen, eine Aufgabe, die hier nicht geleistet werden kann. Wesentlich war es für eine länger anhaltende Aktualität des Buches, daß sein Inhalt in vielen Punkten durch den Gang der Ereignisse sich bewahrheitete und Rauschning dadurch nicht nur die Fähigkeit zur richtigen Diagnose, sondern auch zur Prognose bestätigt wurde. Höchste Aktualität erhielten die „Gespräche" dann noch einmal nach dem Ende des Krieges, als sie von der sowjetischen Anklage im Nürnberger Prozeß in einzelnen Partien in der amerikanischen, vom Verfasser nicht als authentisch anerkannten Fassung „The Voice of Destruction" als Beweisdokument USSR–378 verwandt wurden. Diese amtlich vorgelegten und sonst im Verlaufe des Prozesses vorgebrachten Partien bezogen sich auf die Hitlerschen Äußerungen über die Notwendigkeit der Entvölkerung des Ostgebiets durch die Verpflanzung ganzer Völker wie der Tschechen, über die Aufgabe der Ordensburgen, eine „gewalttätig aktive, beherrschende, unerschrockene und brutale Jugend" heranzuziehen, über Hitlers Äußerung vom Wahn des Gewissens, über die Äußerungen zum Reichstagsbrand, zu dessen Urheberschaft sich Göring bekannt habe [25]. Als

[24a] Über die illegale Ausgabe vgl. das in Anm. 2 zitierte Buch von P. Stahlberger, S. 285. Über King Hall und Schacht: Ulrich von Hassell, Vom anderen Deutschland. Aus den nachgelassenen Tagebüchern 1938–1944, Zürich ²1946, S. 64 u. 40. – Über die Äußerung Hitlers: das Zitat einer Briefstelle von Prinz Friedrich Christian Prinz zu Schaumburg-Lippe bei Hans Günter Hockerts, Die Sittlichkeitsprozesse gegen katholische Ordensangehörige und Priester 1936/37, Mainz 1971, S. 135 f. Prinz zu Schaumburg-Lippe bestätigte und ergänzte mir in einem Briefe vom 18. September 1971 diese Aussage. Er schreibt abschließend: „Jedenfalls habe ich selbst Hitler sich so äußern gehört – wie ich es schrieb."

[25] Die russische Anklage hat den Text der amerikanischen Ausgabe „The Voice of Destruction" zugrunde gelegt, und zwar offiziell die Seiten 137, 138, 225 (nach Auskunft des Staatsarchivs Nürnberg). In der deutschen Ausgabe der Protokolle des Internationalen Militärgerichtshofs „Der Prozeß gegen die Hauptkriegsverbrecher", Nürnberg 1947 ff. werden die Stellen aus dieser amerikanischen Ausgabe zum Teil ungenau und manchmal

die Verteidigung im Gegenstoß beantragte, Rauschning als Zeugen nach Nürnberg vorzuladen, wurde dies vom Gericht mit der Begründung abgelehnt, über die von der Verteidigung vorgebrachten Punkte, die Rauschning klären sollte, gebe sein Buch genügend Auskunft: „... unter solchen Umständen wäre es ganz unnötig, Rauschning als Zeugen hierher kommen zu lassen." Der Widerstand des Gerichts gegen die Vorladung Rauschnings

auch in einer den Sinn verändernden Form ins Deutsche zurückübersetzt. Das gilt vor allem für die Stelle, die sich auf die „Entvölkerung" bezieht. In der deutschen Ausgabe der „Gespräche mit Hitler" wird auf S. 129 von dem Recht gesprochen, „Millionen einer minderwertigen, sich wie das Ungeziefer vermehrenden Rasse zu beseitigen", dieser Satz aber durch den Zusatz ergänzt, „nicht indem ich sie ausrotten lasse, sondern nur indem ich systematisch verhindere, daß sich ihre große natürliche Fruchtbarkeit auswirkt" (The Voice of Destruction, S. 137, dazu auch die folgende Seite 138). In der Anklagerede des russischen Hauptanklägers Rudenko wird nur das Recht genannt, „Millionen von Menschen niederer Rasse zu vernichten, die sich wie Ungeziefer vermehren" (IMGH Bd. 7, (1947) 8. Februar 1946, S. 193, ebenso der britische Ankläger Shawcross 27. Juni 1946, Bd. 19, S. 557 f.). Die sowjetische Anklage hat diese Stelle auf die späteren Aktionen der Massenvernichtung in Gaskammern und Krematoriumsöfen bezogen (Oberjustizrat L. N. Smirnow, 14. Februar 1946, Bd. 7, S. 488), was aus der zitierten Stelle nicht unmittelbar hervorgeht, wenn auch bei dem Wort „Technik der Entvölkerung" es nahelag, daran zu denken. Allerdings wird am 27. Februar 1946 von dem sowjetischen Ankläger Oberst Smirnow die Äußerung Hitlers bei Rauschning, Zerstörung sei nicht unbedingt Ausrottung zwecks systematischer Unterbringung von Nachwuchs, als Beleg für die Massenversuche von Sterilisation und Kastrierung vorgebracht, Bd. 8, 1947, S. 344. Mehrfache Erwähnung findet auch der Satz Hitlers bei Rauschning, S. 212: „Ich befreie den Menschen von dem Zwange eines Selbstzweck gewordenen Geistes; von den schmutzigen und erniedrigenden Selbstpeinigungen einer Gewissen und Moral genannten Chimäre und von den Ansprüchen einer Freiheit und persönlichen Selbständigkeit, denen immer nur ganz wenige gewachsen sein können." Das Zitat von Rudenko am 8. Februar 1946, IMGH Bd. 7, S. 174 ist an diesem Text gemessen ungenau, Rudenko bezieht sich aber ausdrücklich auf den amerikanischen Text in The Voice of Destruction. Dieser lautet: „I am freeing men from the restraints of an intelligence that has taken charge; from the dirty and degrading self-motifications of a chimera called conscience and morality, and from the demands of a freedom and personal independence which only a very few can bear" S. 225).

Andere Zitate: Über die Umsiedlung der Tschechen nach Sibirien oder Wolhynien Oberst Pokrowsky 9. Februar 1946, Bd. 7, S. 240 (Gespräche, S. 42). – Über die Rolle der Ordensburgen bei der Erziehung der deutschen Jugend (Gespräche, S. 237) Generalmajor Alexandrow, 27. Mai 1946 Bd. 14, S. 57, ebenso Rudenko 29. Juli 1946 in der Anklagerede gegen B. v. Schirach, Bd. 19, S. 693. – Über Antisemitismus (Gespräche, S. 222 f.) der englische Ankläger Shawcross 26. Juli 1946, Bd. 19, S. 48 f. – Über den Reichstagsbrand: Göring am 18. März 1946 (Bd. 9, 1947, S. 483 f.) zu dem Bericht Rauschnings in den „Gesprächen" (S. 76 ff.): hier spricht Göring von Rauschning als einem Mann, den er in seinem Leben nur zweimal flüchtig gesehen habe und „überhaupt nicht kenne"; seine Aussage sei eine „absolute Fälschung". – Über die Notwendigkeit, über Leute zu verfügen, die fest zupacken (Gespräche, S. 95): der sowjetische Vertreter Schenin am 20. Februar 1946, Bd. 8, S. 55. Der Text zeigt hier einige Abweichungen: in den „Gesprächen" heißt es: „Es kümmert mich einen Dreck, ob sie ein paar Wertsachen für eigene Rechnung mitgehen lassen", in dem Protokoll des Prozesses: „... wenn sie einmal eine Uhr oder Juwelen klauen, so pfeife ich darauf."

läßt sich unschwer aus der Absicht der Verteidigung, in diesem Falle des Verteidigers der SS, des Rechtsanwalts Pelckmann, erklären, Rauschning als *Ent*lastungszeugen für die Masse der SS-Mitglieder auftreten zu lassen, die über die wahren Absichten Hitlers und seines Systems im unklaren gewesen seien und daher nicht individuell als verbrecherisch verurteilt werden könnten. Da die Verteidigung von Organisationen nur Mitglieder dieser Organisation selbst als Zeugen vorladen konnte, schien Rauschning als ehemaliges SS-Mitglied mit höherem Rang besonders geeignet. Rauschning konnte als „einziger Zeuge, der über den Dingen steht", auftreten, zumal er auch der einzige der von der Verteidigung der SS benannten Zeugen war, der sich nicht in automatischem Arrest befand. Er sollte darüber aussagen, „daß es Hitlers bewußte Politik war, die deutsche Masse wie das Ausland über seine eigentlichen Pläne und Absichten zu täuschen". Dies galt sowohl für die Judenfrage wie für die Kriegsabsichten Hitlers. Das teilweise erregte Gespräch zwischen dem deutschen Verteidiger und dem Vorsitzenden des Gerichts in der Sitzung vom 24. Juli 1946 [26] ließ etwas von der Paradoxie erkennen, daß ein im höchsten Maße belastendes Dokument zur Entlastung herangezogen wurde und der Verfasser der „Gespräche mit Hitler"

[26] IMGH Bd. 19 (1948), 24. Juli 1946, S. 285 ff. Es sei an dieser Stelle noch vermerkt, daß Rauschning *vor* dem Beginn des Prozesses eine Einladung erhalten hatte, als Zeuge der Anklage in Nürnberg aufzutreten. Er berichtet darüber in seinem Buche „Deutschland zwischen West und Ost", Berlin 1950, S. 18 f. folgendes: „Wenig mehr als zehn Jahre nach dieser Danziger Episode wurde ich nach Washington gerufen, wo mir die Frage vorgelegt wurde, ob ich bereit sei, als Kronzeuge gegen die nationalsozialistischen Hauptangeklagten in dem in Vorbereitung befindlichen Verfahren in Nürnberg aufzutreten. Ich lehnte das mit dem Hinweis ab, daß ich das Verfahren, so wie es geplant und was über die Vorbereitung in der Öffentlichkeit bekanntgeworden sei, als obersten Rechtsprinzipien zuwiderlaufend und als kompromittierend beurteilen müßte, daß es sich in kürze als ein in der Geschichte unerhörter, höchst tragischer Betrug und Selbstbetrug erweisen würde und daß, auf so pragmatische Weise Recht schaffen zu wollen, das Rechtsempfinden tödlich treffen hieße. Ich erwähnte nicht bloß den Kardinalfehler, der inzwischen von so vielen Juristen bemängelt worden ist, die Rechtsprechung ex post facto, sondern ich wies auf die für alle offensichtliche und durch nichts zu verschleiernde Tatsache hin, daß mindestens eine der als Richter fungierenden Nationen sich aller Verbrechen schuldig gemacht habe und noch mache, ja längst vor dem Nationalsozialismus damit voraufgegangen sei, für die die deutschen Persönlichkeiten angeklagt worden seien; ja, daß diese Nation durch ihren Pakt mit dem Nationalsozialismus diesem überhaupt erst ermöglicht habe. einen Angriffskrieg zu führen." Im weiteren Verlauf dieses Gesprächs mit einem höheren amerikanischen Offizier regte Rauschning u. a. an, auch deutsche Richter heranzuziehen und etwa ein Gremium wie die Cour Permanente im Haag mit der Strafverfolgung zu betreuen. Rauschning schreibt mir unter dem Datum des 9. August 1971 dazu: „Mit der von mir berichteten Ablehnung als Kronzeuge gegen die Angeklagten in dem damals erst in Vorbereitung befindlichen Prozesse zu fungieren, haben die Vorgänge während des Prozesses nichts zu tun, von denen ich nie Kenntnis bekommen habe." Es ist aber nicht auszuschließen, daß die ablehnende Haltung des Gerichts gegen die Vorladung Rauschnings mit seiner Ablehnung *vor* dem Prozeß etwas zu tun hat.

als ehemaliger „Ehrenführer“ der SS als Kronzeuge für den inneren Widerspruch dienen sollte, der zwischen den geheimen Zielen des Diktators und dem Glauben seiner Anhänger bestand. Eine solche Konfrontation kam nicht zustande, weil das Gericht die Ladung Rauschnings ablehnte und die Diskussion darüber brüsk abbrach.

2.

Bei der kritischen Durchleuchtung der Rauschningschen „Gespräche mit Hitler“ wird man zuerst von der literarischen und historiographischen Gattung ausgehen und fragen müssen, in welche Kategorien sie sich einordnen lassen. Der Dialog als Kunstform, die die logische Entwicklung von Gedanken in Rede und Gegenrede, in Frage und Antwort ermöglicht, hat vor allem in der philosophischen Literatur von Plato bis in der jüngsten Zeit zu Werner Heisenberg und Nicolai Hartmann[27] seinen festen Ort. Auch die literarische Kunstform der „Erdachten Gespräche“ hat eine lange Tradition bis ins 19. und 20. Jahrhundert; in ihnen war oft ein starker politischer Gehalt enthalten, immer wenn sich hinter ihnen politische Kritik versteckte. So war es schon in der älteren Gattung der sogenannten Totengespräche, die noch zuletzt einen Nachfahren im 19. Jahrhundert in Gestalt von Maurice Joly's „Gespräche in der Unterwelt zwischen Machiavelli und Montesquieu“ hatten (1864). Sie sind in wesentlichen Teilen als Plagiat Grundlage für die Fälschung der sogenannten Protokolle der Weisen von Zion geworden und auf diesem Wege indirekt Hitler zu Gesicht gekommen. „Gespräche“ als Mittel der dokumentarischen Überlieferung von Äußerungen, die große Männer Dritten gegenüber getan haben, sind grundsätzlich etwas anderes als die bisher genannten Formen, sie wollen neben gedruckten Werken und Briefen eine große Persönlichkeit in unmittelbarer Weise zu Wort kommen lassen. Selten ist der die Gespräche Überliefernde ein geistig ebenbürtiger Partner, er nimmt meist nur Monologe auf, und seine Rolle wird in klassischer Form von Johann Peter Eckermann dargestellt. Auch die politische Literatur kennt diese Überlieferungsform, wenn sie auch nicht allzuhäufig zu finden ist. Der Eckermann Friedrichs des Großen war der Schweizer Henri de Catt, dessen erst 1884 zum erstenmal posthum erschienene Gespräche des Königs viele der entscheidenden Überlieferungs- und Echtheitsprobleme aufwerfen, die zu dieser Quellengattung generell zu gehören scheinen: die Umgestaltung der Nachschriften, der unbekümmerte Umgang mit der Chronolo-

[27] Werner Heisenberg, Der Teil und das Ganze. Gespräche im Umkreis der Atomphysik, München 1969.

gie, die Vermengung des selbst Gehörten mit Aussagen, die anderen gegenüber gemacht wurden, der Drang nach Wirkung und doch, bei allen kritischen Vorbehalten dieser Art, die Fähigkeit, die Persönlichkeit Friedrichs aus naher Vertrautheit im ganzen richtig zu erfassen. Bei Bismarck liegen die Dinge etwas anders: in seiner Umgebung waren geschäftige Publizisten tätig, die wie Heinrich von Poschinger in hohem Grade Ungeprüftes, Unzuverlässiges aus Gesprächen des Reichskanzlers publizierten oder wie Moritz Busch durch Genauigkeit ein „Höchstmaß an Glaubwürdigkeit" verdienen, dafür aber in der Überlieferung der Tischgespräche aus dem Frankreichfeldzug 1870/71 keinen Maßstab für das wirklich Bedeutsame setzen. Die Friedrichsruher Ausgabe der Gesammelten Werke Bismarcks hat demgegenüber in einer eigenen dreibändigen Abteilung „Gespräche" eine kritische Sichtung vorgenommen, ist aber über ein Sammelsurium sehr heterogener Bestandteile nicht hinausgekommen. Es bleibt jedoch ein Verdienst des Herausgebers Willy Andreas, daß er die kritische Frage nach der Echtheit und Zuverlässigkeit, aber auch nach dem inhaltlichen Wert gestellt hat.

Es darf nun nicht übersehen werden, daß sich der Begriff „Gespräch" im Zeitalter des wachsenden Einflusses der Presse und ganz neuer Formen der Beeinflussung der öffentlichen Meinung durch sog. Interviews von Politikern und Staatsmännern zu verändern beginnt. Der Politiker kann wohl scheinbar absichtslos über alle Dinge der Welt sprechen wollen, ob er nun mit einer Aufzeichnung rechnet oder nicht, was nicht immer eindeutig entschieden werden kann. Aber er wird auch immer mehr von außen her zu Äußerungen gestellt, mit denen er den Ablauf der politischen Entscheidungsprozesse beeinflußt. Hier erscheinen zwei streng voneinander zu unterscheidende Kategorien dessen, was nur unpräzis unter dem Begriff der Gespräche zusammengefaßt wird. Das Gespräch bleibt gleichzeitig eine Form der Vertraulichkeit, die dann allerdings oft genug durch Indiskretionen gebrochen wird, und ein Mittel der Publizität, es tritt auch nicht selten in Systemen mit geringem Öffentlichkeitscharakter wie in allen autoritären Staaten verschiedenster Richtung neben die öffentliche Rede. Ändert sich so der Charakter der Gattung unter dem Einfluß der politisch-historischen Zeitstruktur, so muß man noch daran erinnern, daß auch die Möglichkeiten der Aufzeichnung sich wandeln: die stenographische Nachschrift von Rede und Gespräch wird im 19. Jahrhundert voll entwickelt, ganz zweifellos hat sie durch das parlamentarische System und die mit ihm geschaffene Notwendigkeit der wortgetreuen Wiedergabe von Reden viel Auftrieb erfahren. Sie hat sich auch gerade im parlamentarischen Bereich als außerordentlich resistent gegenüber neuen technisch-akustischen Instrumenten wie dem Tonband erwiesen, sosehr diese in die Lage versetzen, auch das vertraulichste Wort selbst gegen den Willen seines Sprechers in der breitesten Öffentlichkeit bekanntzumachen. Die protokollarische Nachschrift von Rede und Gespräch wird erst jetzt eigentlich möglich, während es sich vorher im wesentlichen nur um Gedächtnisnachschriften handeln konnte.

Man muß alle diese Möglichkeiten im Auge behalten, wenn man sich mit der Quellengattung des Gesprächs in der neuesten Geschichte befaßt. Dazu kommt noch einiges andere: in Systemen, zu denen Publizität als immanenter Bestandteil gehört wie im parlamentarisch-demokratischen, kann die Veröffentlichung von Gesprächen mit führenden Politikern ein Mittel der Enthüllung sowohl im Sinne der Rechtfertigung wie der Beschuldigung sein. Dafür gibt es Beispiele genug: J. Martet, der Sekretär von Georges Clemenceau, hat die Unterhaltungen mit seinem Chef nach dessen Tode gleichzeitig mit einer biographischen Würdigung in der Absicht der politischen Rehabilitation veröffentlicht [27a]. In totalitären Systemen hingegen, in denen politische Entscheidungen grundsätzlich hinter einem Schleier des Geheimnisses versteckt werden, bleibt die Gesprächsform entweder Außenseitern überlassen, die dem System als unbefangene Betrachter oder Kritiker gegenüberstehen wie Emil Ludwig in seinen Gesprächen mit Mussolini [28], oder Abtrünnigen, die nach vollzogenem Bruch die Entwicklung ihrer Desillusionierung dokumentarisch belegen wollen. Das letzte Beispiel dafür bietet der jugoslawische Kommunist Milovan Djilas in seinen „Gesprächen mit Stalin", die in ihren Kapitelüberschriften „Begeisterung – Zweifel – Enttäuschung" den politischen Weg des Verfassers wiedergeben [29]. Das grundsätzliche Problem, daß in der Erinnerung des Autors seine Ansichten von heute durchscheinen, hat Djilas sehr genau gesehen: die Gespräche mit dem Führer der größten kommunistischen Macht bilden daher zugleich die Stationen im Prozeß des eigenen Umdenkens.

Damit sind wir wieder unmittelbar bei den Problemen der Gespräche mit Hitler von Hermann Rauschning angelangt. Auch sie stammen von einem „Abtrünnigen", bei dem sich schon während der Begegnung mit Hitler eine Wandlung angebahnt hatte, und der nach dem Bruch mit Hitler und dem Nationalsozialismus durch Hitlers Kriegspolitik diesen Bruch endgültig gerechtfertigt sah. Auch bei ihm geht immer „zweierlei durcheinander", wie er selbst in einem Briefe bekennt: „die bestimmenden Züge der Hitlerschen Politik wie das, wenn auch nicht ausgesprochene Bekenntnis einer eigenen

[27a] J. Martet, Clemenceau spricht. Unterhaltungen mit seinem Sekretär J. Martet, dt. 1930. In diesem Zusammenhang müssen auch die weniger politisch bedingten „Gespräche mit T. G. Masaryk" von Karel Capek genannt werden. Neue Ausgabe München 1969.

[28] Mussolinis Gespräche mit Emil Ludwig, Berlin 1932.

[29] Deutsch, Frankfurt 1962.

Wandlung" [30]. Dazu kommt ein weiteres, durch den Zeitpunkt der Niederschrift in den ersten Kriegsmonaten bestimmtes wesentliches, ja entscheidendes Moment: die Gespräche mit Hitler sollten eine politische Kampfschrift aus der Emigration im Augenblick des beginnenden Krieges sein. Darauf deuten nicht nur die ersten Worte des Vorworts „Wenn Hitler siegt ...", sondern auch vor allem das erste Kapitel „Der kommende Krieg", in dem Hitlers Entschlossenheit zum Kriege schon in einem Gespräch aus dem Jahre 1932 wiedergegeben wird. Der Zweck einer solchen Kampfschrift war, wie Rauschning Jahrzehnte später schrieb, „ein politischer und nicht wissenschaftlich-historischer. Die Darstellung sollte wirken. Sie war eine Warnung; sie durfte keine zu große Zumutung an die Auffassungsbereitschaft des breiten Publikums sein." [31] Das, was diese Schrift aber im Unterschied zu Rauschnings vorher erschienenem Werk „Die Revolution des Nihilismus" und anderen politischen Kampfschriften leisten sollte, war, „eine persönliche Begegnung mit dem konkreten Menschen Hitler in seinem Denken und Wollen zum Erlebnis zu bringen, nicht nur *über* ihn und von ihm Aussagen zu machen" [32]. Daß gerade hier die besondere Faszination liegen sollte, die Rauschnings Buch ausübte, wird durch die beträchtliche Wirkung bestätigt, die von ihm ausgegangen ist. Freilich wird sich der Historiker im Gegensatz zu dem zeitgenössischen Leser zu Beginn des 2. Weltkriegs nicht mit dieser Feststellung begnügen können, sondern nach der Authentizität der Äußerungen fragen, die Hitler in Rauschnings Veröffentlichung zugeschrieben werden.

Wie steht es damit? Wir lesen in der Einleitung: „Diese Gespräche mit Hitler sind authentisch. Sie fanden im letzten Jahr vor der Machtergreifung und in den ersten beiden Jahren (1933/34) der nationalsozialistischen Herrschaft statt. Der Berichterstatter hat sich meist unmittelbar unter dem Eindruck des Gehörten Notizen gemacht. Vieles kann als nahezu wörtliche Wiedergabe gelten. Hier spricht sich Hitler im Kreise seiner Vertrauten hemmungslos über seine eigentlichen, vor der Masse geheimgehaltenen Ideen aus" [33]. Man muß diese Sätze mit einiger kritischer Vorsicht lesen. Offenbar ist unter „authentisch" hier nicht die protokollarische, wörtliche Nachschrift verstanden, sondern die „nahezu wörtliche Wiedergabe" wird auf Teile – „vieles" sagt der Verfasser – eingeschränkt. Es gelingt auch in vielen Fällen nicht, Äußerungen Hitlers auf bestimmte Daten und Orte festzulegen, es scheint vielmehr, daß nicht selten thematische Zusammenfassun-

[30] Brief vom 12. April 1971 an den Verfasser.
[31] A.a.O., vom 12. April 1971.
[32] Brief vom 22. Februar 1971 an den Verfasser.
[33] Gespräche mit Hitler, S. 6.

gen von Sätzen und Thesen Hitlers aus verschiedenen Unterredungen erfolgt sind, während an anderen Stellen eine ungefähre oder sogar genaue Datierung möglich ist. Das zeigen schon die Kapitelüberschriften an, bei denen die ein Thema umreißenden Titel – z. B. Ostpolitik und neuer deutscher Adel; Der Antichrist; Neue Sozialordnung, neue Wirtschaft u. a. – diejenigen überwiegen, die konkrete und datierte Gespräche bezeichnen. Es herrscht das kompositorische Prinzip und nicht das protokollarische vor. Der Verfasser hat das mit folgenden Worten bestätigt: „Die Geschichtsforschung könnte Authentizität nur anerkennen, wenn ich tagebuchartig chronologisch meine originalen Notizen veröffentlicht hätte. Ich habe statt dessen ein Gesamtbild Hitlers aus Notizen, aus dem Gedächtnis und sogar aus Mitteilungen anderer über Hitler, insbesondere des Danziger Gauleiters Forster, zusammengewoben. Ich kann daher nicht einmal mehr zwischen Kapiteln und Passagen trennen, wo ich aus den drei, von der Forschung sehr verschieden zu beurteilenden Quellen geschöpft habe." [34] Damit ist im Grunde schon das Entscheidende über Authentizität im wörtlichen Sinne gesagt, wenn auch keineswegs über einzelne Partien und von Rauschning überlieferte Aussprüche Hitlers und schon gar nichts über die innere Wahrheit dessen, was er als „Gesamtbild Hitlers" bezeichnet.

Ist es nun richtig, daß Rauschnings Beziehungen so enge und intensive gewesen sind, daß sie ihn zu einer Gesamtdeutung befähigten, die über einen Indizienbeweis hinausging und sich auf näheren und häufigeren Umgang und, was nicht weniger wichtig ist, auf ein näheres Verhältnis zu Hitler stützen konnte? Was das erste anbelangt, so fällt es natürlich ins Gewicht, daß sich die Begegnungen Rauschnings mit Hitler nur auf die Jahre 1932 bis 1934 beschränken. Rauschning berichtet, daß er Hitler im August 1932 zum erstenmal „in seinem eigentlichen privaten Milieu" auf dem Obersalzberg in Begleitung des Gauleiters von Danzig, Forster, und des Danziger SA-Führers Linsmayer besucht habe [35], die letzte Begegnung fällt etwa in den Juli des Jahres 1934, als die Krise um den Danziger Senatspräsidenten und der Konflikt mit dem Gauleiter Forster schon ihrem Höhepunkt zuging. Dazwischen liegen ungefähr 13 persönliche Begegnungen Rauschnings mit Hitler [36], von denen einige genau datierbar und auch durch andere Quellen bezeugt sind. Rauschning spricht außerdem noch davon, daß er im Sommer 1933 „öfter" Gast an Hitlers Mittagstafel im zweiten Stock der neuen Reichskanzlei gewesen sei [37]. Von diesen Zusammenkünften berichtet auch

[34] Brief vom 22. Februar 1971.
[35] Gespräche, S. 18.
[36] Vgl. den Exkurs auf S. 63 ff.
[37] Gespräche, S. 58.

Albert Speer in seinen Erinnerungen [38]: beider Berichte stimmen nicht in allem überein [39], aber beide nennen Sepp Dietrich und vor allem Goebbels als Besucher; der Name Göring, der mit Speer häufiger Gast gewesen ist, kommt bei Rauschning nicht vor. Beide bestätigen die offensichtlich gewollte Anspruchslosigkeit und Zwanglosigkeit dieser Zusammenkünfte – von einem „Muster der Schlichtheit und Volksverbundenheit" spricht Rauschning –; dem entsprechen die späteren Tischgespräche im Hauptquartier in der Wolfsschanze – Kontraste kleinbürgerlichen Stils zu den immer gigantischeren Plänen und Entscheidungen des Diktators. Rauschning faßt den Inhalt dieser Tischgespräche in einem eigenen Kapitel zusammen („Die Mittagstafel") und läßt Hitler hier politische Äußerungen über Lateinamerika, Nordamerika und die als „neue Waffe" bezeichnete „innere Beunruhigung als Kampfmittel" in den westlichen Demokratien tun. Man kann sicher davon ausgehen, daß die Gespräche während der offiziellen Besuche des Danziger Senatspräsidenten beim Führer der Partei und Kanzler des Reichs sehr viel mehr an konkreten politischen Zwecken orientiert waren, obwohl Rauschning auch bei diesen Gelegenheiten Hitlers Monologe wiedergibt, die weit von den jeweiligen Anlässen des Empfangs wegführen konnten. Eine genaue Chronologie wird hier erschwert durch Rauschnings Methode der Zusammenraffung oder Auseinanderziehung einzelner Gespräche, je nachdem, wie es sich aus der thematischen Komposition seiner Berichte ergibt. Dieses Verfahren steigert sich im Schlußteil seines Buches; hier spricht er von Sätzen, die er sich notiert habe, die aber nicht immer in ihrem ursprünglichen Zusammenhang gesprochen worden seien, sondern Bruchstücke aus anderen Gesprächen enthielten [40].

Eine kritische Untersuchung wird nun in erster Linie danach fragen müssen, was für Hitler die Person Rauschnings bedeutete, ob sie für ihn überhaupt von irgendeinem besonderen Interesse sein konnte, so daß er ihn einen tieferen Blick in seine letzten Absichten tun ließ als andere. Hierzu läßt sich eines mit einiger Sicherheit sagen: Rauschning fehlten alle solche persönlichen Eigenschaften, die Hitler irgendwie fesseln konnten. Er gehörte nicht zum Kreis der alten Kämpfer aus der Münchener Kampfzeit, er war im

[38] Albert Speer, Erinnerungen, Frankfurt/M. 1969, S. 48.

[39] Bei Rauschning ist von 10–20 Personen, die an der Tafel teilnahmen, bei Speer von 10 die Rede. Herr Albert Speer hat mir in einem Briefe vom 11. Oktober 1971 mitgeteilt, daß er nicht bei Hitler Gast war, wenn Rauschning mit ihm seine Gespräche hatte.

[40] Gespräche, S. 209. Ganz allgemein entsteht in dem Werke eine Undeutlichkeit der Chronologie durch Zeitbestimmungen wie „damals", „einmal", „gerade". An vielen Stellen ist die chronologische Reihenfolge nicht eingehalten: so ist das Kapitel I „Der kommende Krieg" ganz offensichtlich, um als Fanfare zu wirken, vor Kapitel II vorgezogen und an den Anfang gestellt.

Grunde ein Intellektueller mit einer differenzierten Persönlichkeitsstruktur, die für Hitler unzugänglich bleiben mußte. Er war auch als Nordostdeutscher Hitler ursprünglich fremd. Aus Rauschnings Darstellung selbst geht hervor, daß es der Danziger Gauleiter Forster, aus dem bayrischen Franken stammend, gewesen ist, der Rauschning den Weg zu Hitler schon vor der Machtergreifung eröffnet hat. Von Forster stammen wohl auch die meisten Informationen, die Rauschning von Dritten über Hitler gesammelt hat [41]. Rauschning läßt nun aber an einigen Stellen seines Buches den Gedanken anklingen, Hitler habe zu ihm ein besonders vertrauensvolles Verhältnis gehabt, ihm wiederholt sein besonderes Wohlwollen gezeigt, ihm in ausführlichen Gesprächen manches gesagt, was sich dem Gesichtskreis einiger seiner Gauleiter sicherlich entzog [42]. Er habe ihm zu verstehen gegeben, daß er ihn für würdig halte, in seine eigentlichen Gedanken eingeweiht zu werden: „Gedanken, die er selbst seinem Gauleiter vorenthielt, weil dieser sie nicht verstanden hätte.“ Es bleibt offen, ob dies die „Geheimlehre“ des Nationalsozialismus war, von der Rauschning in der Einleitung seines Werkes spricht und die sich nach seiner Meinung nicht in dem für die Masse gedachten Buch „Mein Kampf“ finde [43]. Sie werde in den besonderen Kreisen einer engeren Elite gedacht und weiterentwickelt, zu der die SS und die HJ gehöre. Rechnete sich Rauschning selbst zu dieser Elite? Er vermag gleichzeitig Zweifel an seiner Deutung nicht zu unterdrücken: „Oder war nicht vielmehr“, schreibt er, „diese ganze Vertraulichkeit nur eine scheinbare, einer der vielen Tricks Hitlers, mit denen er sich ständig Menschen untertänig machte?“ Diese Überlegung wird eher zutreffen; Hitler hat wenig später Rauschning fallenlassen, wie er manche seiner Freunde fallen oder sie aus der Welt schaffen ließ wie Röhm und Gregor Strasser, sobald sie ihm im Wege standen.

[41] Darüber eine Äußerung Rauschnings in einem Briefe an den Verfasser vom 26. April 1971.

[42] Gespräche, S. 178 und 205.

[43] Gespräche, S. 5 und die Formulierung auf S. 63: „Ich vernahm damals (genannt wird der Frühsommer 1933, d. Vf.) die erste abfällige Bemerkung über dieses Buch in Gegenwart Hitlers und schloß daraus, daß es im internen Kreise keineswegs die allgemein verbindliche Quelle war, für die es in der breiten Propaganda ausgegeben wurde.“ Aus den folgenden Bemerkungen Hanfstaengls geht hervor, daß sich diese Feststellung vor allem auf die Beurteilung Englands beziehen soll, und „daß alles, was in ‚Mein Kampf‘ über England gesagt ist, nur taktischen Wert hat“. Dies wird durch die neueren Hitler-Quellen nur teilweise bestätigt. In „Revolution des Nihilismus“ (S. 52 f.) wird die Ablehnung von „Mein Kampf“ ganz allgemein begründet: „Auch die nationalsozialistische ‚Bibel‘, jenes merkwürdige Buch, dem nunmehr die Heiligkeit der Verbalinspiration zugesprochen ist, hat unter alten Pg's, weit entfernt die heutige Rolle zu spielen, keine besondere Achtung genossen. Niemand nahm es ernst, konnte es ernst nehmen oder verstand diesen Stil überhaupt ...“ Diese Geringschätzung von „Mein Kampf“ durch Rauschning ist überraschend, da dieses Buch in vieler Hinsicht seine eigene Hitler-Interpretation bestätigt und keinesfalls widerlegt.

Rauschning war vielmehr ein Stein auf dem Brett der Hitlerschen Taktik in der für seine erste Reichskanzlerzeit riskantesten Phase, als eine Intervention der auswärtigen Mächte, ein Zusammenspiel, ja, eine militärische Intervention Polens unter Pilsudski mit Frankreich nicht ausgeschlossen schien. In diesem Moment wurde das eigentümliche Gebilde der Freien Stadt Danzig eine Art Drehscheibe einer taktisch verstandenen Wendung der Ostpolitik [44]. In Danzig spitzte sich zuerst der deutsch-polnische Konflikt zu, als die Polen ihre Garnison auf der Westerplatte verstärkten, nachdem die NSDAP offen auf den Anschluß ans Reich auszugehen schien. Die ohnedies prekäre Stellung des deutschen Kleinstaats an der Weichselmündung, der von Polen wirtschaftlich und in vieler Hinsicht auch politisch abhängig war, zudem noch unter einem Hohen Kommissar des Völkerbunds als Garanten seiner Verfassung stand, wurde noch kritischer, seitdem dort die NSDAP sich wie im Reich als Gau etabliert hatte und ihr Gauleiter außerhalb der Danziger Verfassung, aber innerhalb der Parteiorganisation des Reichs stand. Als die NSDAP in den Wahlen vom 28. Mai 1933 etwas über 50 % der Stimmen erhielt, erkannte Hitlers immer wacher taktischer Instinkt, daß sich an seinem Verhalten zur Danzig-Frage entscheiden mußte, ob er für die Phase der Aufrüstung politischen Spielraum nach außen behielt. Da Rauschning als Senatspräsident sehr rasch Kontakt zu Polen, sogar zu Pilsudski bekam und die ständigen Danziger Querelen von der Tagesordnung auch des Völkerbunds verschwanden, schien er der geeignete Mann, um die Kurskorrektur gegenüber Polen einzuleiten. In dieser Eigenschaft war er für Hitler interessant; er hörte sofort auf, dies zu sein, als sich herausstellte, daß Rauschning diese Kurskorrektur als eine grundsätzliche Kursänderung auffaßte. Für das knappe Jahr vom Frühjahr 1933 bis zum Jahresanfang 1934 wird man daher von besonders gelagerten näheren Beziehungen zwischen Hitler und Rauschning sprechen können, was sich auch auf Hitlers Offenheit gegenüber dem Danziger Senatspräsidenten ausgewirkt haben mag. Außerdem war Rauschning nicht nur ein ungewöhnlich gebildeter Beobachter, sondern auch ein Menschenkenner mit der Fähigkeit in die Tiefe gehender psychologischer Deutungen. Sein Blick sah allmählich immer schärfer hinter das Vordergründige bei Hitler und dem Nationalsozialismus, weil bei ihm die Begegnungen mit Hitler einen Prozeß der Wandlung und Erkenntnis auslösten. Dieser

[44] Ausführlichste Darstellung dieser Zusammenhänge bei Richard Breyer, Das Deutsche Reich und Polen 1932–1937, Würzburg 1955, vor allem S. 64 ff. und Hans Roos, Polen und Europa. Studien zur polnischen Außenpolitik 1931–1939, Tübingen 1957, S. 61 ff.; zu nennen sind auch: Ludwig Denne, Das Danzig-Problem in der deutschen Außenpolitik 1934–1939, Bonn o.J. (1959); Christoph M. Kimmich, The Free City. Danzig and German Foreign Policy 1919–1934, New Haven 1968.

Prozeß selbst wird allerdings nicht in seinem zeitlichen Ablauf in den Gesprächen sichtbar, sondern Rauschning schreibt ihn erst nieder, als sein Ergebnis für ihn längst feststand [45]. Damit greife ich aber schon den aus der Gesamtanalyse des Rauschningschen Buches zu ziehenden Schlüssen vor, die erst später vorgetragen werden sollen.

3.

In einem nächsten Schritt unserer Untersuchung wird jetzt die Frage zu stellen sein, welche Beurteilung Rauschnings „Gespräche mit Hitler" in der wissenschaftlichen Literatur erfahren haben. Es ist dabei nicht an ihre offenkundige publizistische Wirkung gedacht, sondern an ihre Einschätzung als Quelle. Hier stößt man sofort auf eine auffällige Diskrepanz zwischen dem ausländischen und deutschen Schrifttum über Hitler. Bei ausländischen Autoren überwiegt unbedingt ein positives Urteil; es ist von großem Interesse, wie es im einzelnen begründet wird. Im Jahre 1960 veröffentlichte der englische Historiker Hugh Redwald Trevor-Roper, dem wir auch eine ältere Darstellung von Hitlers letzten Tagen in der Reichskanzlei verdanken, einen Vortrag über „Hitlers Kriegsziele" [46], der die These von der Kontinuität der Hitlerschen politischen Absichten seit der Niederschrift von „Mein Kampf" aufstellte und in diesem Zusammenhang den Enthüllungen Rauschnings über Hitlers Weltherrschaftspläne einen besonderen Wert als Nachweis des konstanten Festhaltens Hitlers an seinen Konzeptionen zuwies. „Inhaltlich die Periode von 1932–1934 behandelnd, beweist es, daß der Ablauf von zehn Jahren, die Machtübernahme und die damit verbundene Verantwortung, Hitlers gewaltige und revolutionäre Ziele tatsächlich unverfälscht wiedergegeben hat." [47] Als Zeugnis gegen die von manchen Seiten aufgestellte kritische These, daß Rauschning sein Buch lediglich im Lichte der Ereignisse von 1939 geschrieben habe, dient Trevor-Roper vor allem die Stelle, an der Rauschning Hitlers Verhältnis zu Rußland berührt und dabei nicht nur von dem Bündnis mit der Sowjetunion, sondern auch schon von dem späteren Angriff auf sie spricht. Diese Äußerung von 1934, niedergeschrieben 1939, nimmt die erneute Schwenkung von 1941 bereits voraus und kann in der Tat

[45] An einigen Stellen seines Buches (S. 142 und 259) wird deutlich, daß Rauschning seit Anfang des Jahres 1934 sich innerlich auf die Seite der Gegner Hitlers stellte. Auf S. 48 wird der Beginn der „inneren Abkehr vom Nationalsozialismus" allerdings schon auf das Frühjahr 1933 datiert.

[46] Vierteljahrshefte für Zeitgeschichte VIII, 1960, S. 121 ff.

[47] Trevor-Roper, a.a.O., S. 125.

nicht einfach als Reflex auf die Lage von 1939 zu verstehen sein. Darauf muß später noch eingegangen werden.

Die hohe Einschätzung von Rauschnings Buch durch Trevor-Roper wird von dem Verfasser der ersten großen Hitler-Biographie, Alan Bullock, ausdrücklich bestätigt. Rauschnings Darstellung, so schreibt Bullock in seinem Buch „Hitler. Eine Studie über Tyrannei" [48], habe durch das nach Veröffentlichung seines Buches entdeckte Dokumentenmaterial eine Erhärtung erfahren und sei eine wichtige Quelle für jede Hitler-Biographie. Diese Feststellung macht Bullock im Zusammenhang seiner Ausführungen, in denen er Hitlers Sinn für die Gunst von Zeit und Gelegenheit bei der Fassung seiner Entschlüsse hervorhebt; er zitiert dazu eine Stelle bei Rauschning, wo Hitler „über das vor seinen Entscheidungen arbeitende Unterbewußtsein" spricht. Schließlich bestätigte noch in jüngster Zeit der amerikanische Historiker Gerhard L. Weinberg [49], der vor einigen Jahren Hitlers sogenanntes „Zweites Buch" herausgegeben hat, in einer Darstellung der nationalsozialistischen Außenpolitik in den ersten vier Jahren des NS-Regimes an einzelnen Details im Vergleich mit den Akten die Korrektheit von Rauschnings Angaben über seine Danziger und polnische Politik [50]. Schließlich sei noch darauf hingewiesen, daß Carl J. Burckhardt, der letzte Völkerbundskommissar in der Freien Stadt Danzig, in seinem Erinnerungswerk „Meine Danziger Mission" ohne Bedenken Einzelangaben Rauschnings aus seinen Gesprächen mit Hitler als vollwertige Aussagen benutzt [51].

Dieser in der ausländischen Literatur überwiegend positiven Bewertung von Rauschning steht in den deutschen Beiträgen zur Geschichte Hitlers und der NS-Zeit eine sehr viel stärkere Skepsis gegenüber. Diese Skepsis hat sich zunächst auf eine Kritik von Einzelheiten in der Rauschningschen Überlieferung gestützt, so vor allem auf die Aussagen, die Rauschning Göring über den Reichstagsbrand zuschreibt. Nach ihnen hatte sich Göring eindeutig zur Urheberschaft am Reichstagsbrand bekannt; Rauschning berichtet [52], er habe in der Wandelhalle vor den Amtsräumen Hitlers in der Reichskanzlei mit-

[48] Alan Bullock, Hitler. Eine Studie über Tyrannei, deutsch ²1967, S. 809, Anm. 157 zu Text S. 360.

[49] Gerhard L. Weinberg, The Foreign Policy of Hitler's Germany. Diplomatic Revolution in Europe 1933–1936, Chicago 1970.

[50] Dazu vgl. Weinberg, a.a.O., S. 66 f., Anm. 46 über die Begegnung Rauschnings mit Hitler am 1. Juni 1933, bei der er Instruktionen für die Grundlinien der deutschen Politik gegenüber Polen erhielt.

[51] Carl J. Burckhardt, Meine Danziger Mission, München 1960, vor allem S. 32. Hier wird die später zu erwähnende Aussage Rauschnings, Hitler habe im Jahre 1932 daran gedacht, bei einem etwaigen Verbot der NSDAP im Reich mit der Führung der NSDAP in die Freie Stadt Danzig auszuweichen, ohne Bedenken übernommen.

[52] Gespräche mit Hitler, S. 76 f.

angehört, wie Göring geschildert habe, „seine Jungens" seien durch einen unterirdischen Gang aus dem Präsidentenpalais in den Reichstag gelangt, wo sie nur wenige Minuten Zeit für die Anlegung des Brandes gehabt und fast entdeckt worden wären. In der Eile hätten sie keine „ganze Arbeit" leisten können. Göring habe seinen Bericht „mit dem wahrhaft bedeutungsvollen Wort" geschlossen: „Ich habe kein Gewissen! Mein Gewissen heißt Adolf Hitler." Diese Aussage spielte schon im Nürnberger Prozeß eine Rolle, wo sie von Göring auf das Entschiedenste dementiert worden ist [53]. Später ist sie in der durch Fritz Tobias und Hans Mommsen neu in Gang gebrachten Diskussion [54] über die von beiden Autoren in Frage gestellte nationalsozialistische Urheberschaft des Reichstagsbrandes angegriffen und von Hermann Rauschning selbst nur noch in einem eingeschränkten, aber die Mitverantwortung der NS-Regierung bestätigenden Sinn aufrechterhalten worden [55]. Dies alles soll hier nicht im einzelnen ausgebreitet, sondern nur als ein Zeichen für die Richtung der Kritik an Rauschning gewertet werden, dem Unzuverlässigkeit, ja Unrichtigkeit und Fälschung in seinen Berichten und

[53] Protokolle des Prozesses gegen die Hauptkriegsverbrecher, Internationaler Militärgerichtshof Bd. 9, S. 483 f. Hier lautet die Aussage Görings vom 18. März 1946: „Herrn Rauschning habe ich in meinem Leben nur zweimal ganz flüchtig gesehen. Wenn ich schon den Reichstag angezündet hätte, so würde ich das voraussichtlich nur im allerengsten Vertrauenskreis, wenn überhaupt, bekanntgegeben haben. Einem Mann, den ich überhaupt nicht kenne und von dem ich heute nicht sagen kann, wie er überhaupt ausgesehen hat, würde ich mich niemals gegenüber geäußert haben. Es ist dies eine absolute Fälschung". Ähnlich in Werner Bross, Gespräche mit Hermann Göring während des Nürnberger Prozesses, Flensburg und Hamburg 1950, S. 159, 24. April 1946: „Ich habe Herrn Rauschning nur einmal gesehen und kann mich kaum an ihn erinnern. Es ist unmöglich, daß er häufiger mit dem Führer zusammengekommen sein soll, ohne daß ich es gewußt hätte. Und dann: Glaubt man denn, daß der Führer jedem hergelaufenen Provinzpolitiker seine geheimsten Ansichten offenbart hätte! Das ist doch lächerlich!"

[54] Fritz Tobias, Der Reichstagsbrand. Legende und Wirklichkeit, Rastatt 1962; zu Rauschning S. 239–244; Hans Mommsen, Der Reichstagsbrand und seine politischen Folgen, Vierteljahrshefte für Zeitgeschichte XII, 1964, S. 351 ff.

[55] Rauschning hält daran fest, daß eine Mitwirkung der Nationalsozialisten etwa durch bewußte Zurückhaltung der Polizei außer Frage stehe. In einer ausführlichen Darstellung „Bemerkungen zum Reichstagsbrand. Täterschaft und Verantwortung", die er mir mit einem Briefe vom 30. Juni 1971 zusandte, heißt es u. a.: „Es ist eine Zumutung für jeden, der mit den Methoden des Nationalsozialismus durch eigene Beteiligung vertraut ist, annehmen zu wollen, daß Hitler und seine engsten, in konspiratorischen Einfällen wohlerfahrenen Mitarbeiter, es hätten darauf ankommen lassen, daß ihnen ein halbirrer Fanatiker aus Holland zufällig gerade im rechten Augenblick zu Hilfe käme." Auch an der auf S. 77 der „Gespräche mit Hitler" berichteten Äußerung Görings „Ich habe kein Gewissen! Mein Gewissen heißt Adolf Hitler" hält Rauschning fest. Dazu hat sich Rauschning noch abschließend geäußert in einem „Bericht über eine Versammlung führender nationalsozialistischer Parteigenossen bei dem Reichstagspräsidenten Göring zwei Tage nach dem Reichstagsbrand". Diese mir übersandte Darstellung enthält einige Abweichungen von der auf S. 76 der „Gespräche mit Hitler" gegebenen Darlegung der äußeren Umstände, unter denen Rauschning die Worte Görings gehört hat.

Informationen nachgewiesen werden sollte. Andere Autoren wie Hans-Adolf Jacobsen haben Ähnliches für weitere Aussagen des Rauschningschen Buches versucht[56]. Tiefer geht es schon, wenn Günter Moltmann von dem „Ärgernis" spricht, das dem Historiker die Rauschningschen Dokumente bereiten, „weil der Echtheitsbeweis für die aufgezeichneten Worte Hitlers schwer zu führen ist" [57]. Das stärkste Gewicht jedoch kommt der fundamen-

[56] Hans-Adolf Jacobsen, Nationalsozialistische Außenpolitik 1933–1938, Frankfurt/M. 1968, bezweifelt (S. 606), daß Hitler, wie es Rauschning in „Gespräche mit Hitler", S. 133 ff., darstellt, im Frühjahr 1934 vor Vertretern der Auslandsdeutschen seine Theorie von den zwei Typen der deutschen Volksgruppen (den loyalen und den revolutionären im Sinne der Fünften Kolonne) entwickelt habe. In den Quellen habe sich kein Hinweis auf eine solche Besprechung finden lassen, was wohl zutrifft, aber m. E. nichts unbedingt Sicheres beweist. Nach der NS-Taktik der Jahre von 1933 bis 1937 (auf dem Gebiet der Volkstumspolitik) zu urteilen, dürfte es nach Jacobsen mehr als unwahrscheinlich sein, daß sich Hitler 1934 in der Weise vor den Führern der Volkstumspolitik geäußert habe. Es sei anzunehmen, daß Rauschning die Ereignisse und Erfahrungen von 1938 (Sudetenland) zurückprojiziert hat. Seine „Gespräche" seien daher nicht als Primärquelle zu werten. Ich halte Äußerungen Hitlers in dem angedeuteten Sinne im Jahre 1934 nicht für ausgeschlossen, wenn man an die fast gleichzeitigen Auseinandersetzungen in den deutschen Volksgruppen denkt. Die „Zweiteilung", die Hitler vornahm, könnte als Versuch gewertet werden, die verschiedenen Richtungen, den nationalkonservativen und den nationalsozialistischen, ihren Platz anzuweisen. Belege für die von Rauschning mitgeteilte Rede Hitlers finden sich allerdings nicht.

Eine positivere, wenn auch distanzierte Einschätzung der Rauschning-Gespräche findet sich in der deutschsprachigen Literatur bei Karl Dietrich Bracher, Wolfgang Sauer, Gerhard Schulz, Die nationalsozialistische Machtergreifung. Studien zur Errichtung des totalitären Herrschaftssystems in Deutschland 1933/34, Köln 1960, S. 731: „... wie immer man den Quellenwert der Rauschningschen Zitate einschätzen mag, daß hier zumindest der Sinn von Hitlers Gedanken getroffen wurde, ist kaum zweifelhaft." Als Beleg für die Kontinuität in Hitlers Denken und zugleich für die Zuverlässigkeit der Rauschningschen Überlieferung kann die Äußerung Hitlers in den „Gesprächen", S. 115, herangezogen werden. Hier antwortet Hitler auf die Frage Rauschnings, was geschehe, wenn es zu einer Allianz England, Frankreich, Rußland komme: „Dann werde ich nicht mehr leben. Aber wenn wir dann auch nicht siegen können, so werden wir selbst untergehend noch die halbe Welt mit uns in den Untergang reißen, und niemand wird eines Sieges über Deutschland froh sein. Ein 1918 gibt es nicht wieder. Wir kapitulieren nicht." Vgl. dazu die von Speer in Nürnberg überlieferte Äußerung Hitlers vom März 1945: „Wenn der Krieg verlorengeht, wird auch das Volk verloren sein. Dieses Schicksal ist unabwendbar ..." Eine sehr zurückhaltende Beurteilung des Buches R.s findet sich auch bei Klaus Hildebrand, Vom Reich zum Weltreich. Hitler, NSDAP und koloniale Frage 1919–1945, München 1969, S. 453 f. H. hält es für schlechthin fragwürdig, R.s Gespräche ohne quellenkritische Erörterung zu benutzen, da ihr Quellenwert zumindest umstritten sein dürfte. Es scheine auch keineswegs zulässig, sie als „Steinbruch" zu benutzen, um aus Rauschningschen Blöcken Thesen zu erbauen.

Friedrich Heer, Der Glaube des Adolf Hitler. Anatomie einer politischen Religiosität, München 1968, benutzt Rauschnings „Gespräche" ganz unkritisch als Quelle für die „politische Religiosität" Hitlers, seine Deutung ist der E. Jäckels (vgl. folgende Seiten) ganz entgegengesetzt.

[57] G. Moltmann, Weltherrschaftsideen Hitlers, in: Europa und Übersee. Festschrift für Egmont Zechlin, Hamburg 1961, S. 203.

talen Kritik von Eberhard Jäckel an Rauschning in seiner Schrift über „Hitlers Weltanschauung. Entwurf einer Herrschaft" zu [58]. Diese Kritik richtet sich in erster Linie gegen das ältere Buch von Rauschning „Die Revolution des Nihilismus", schließt aber auch die „Gespräche mit Hitler" ein. Man muß sich zuerst mit den Rauschningschen Thesen vertraut machen, um die Einwände Jäckels zu verstehen. Rauschning interpretiert in seiner „Revolution des Nihilismus" die nationalsozialistische Revolution als einen Versuch der „totalen Revolutionierung aller Ordnungselemente und der totalen Beherrschung durch ihre eigene Elite". Diese Elite könne sich nur an der Macht halten „in einem Prozeß ständiger Steigerung der revolutionären Zersetzung" [59]. Er geht davon aus, daß die Gefährlichkeit der modernen Revolutionen in der geordneten Kraft ihres Umsturzes und in der irrationalen Voraussetzungslosigkeit ihres Dranges zum „Siege der überwältigenden neuen Ordnung" beruhe. „Diese Bewegung ist in ihren eigentlich treibenden und leitenden Kreisen völlig voraussetzungslos, programmlos, aktionsbereit, in ihren besten Kerntruppen instinktiv, in ihrer leitenden Elite höchst überlegt, kalt und raffiniert. Es gab und gibt kein Ziel, das nicht der Nationalsozialismus um der Bewegung willen jederzeit preiszugeben oder aufzustellen bereit wäre." [60] Für eine Revolution dieser Art gebe es keine festen außenpolitischen Ziele, wie es keine wirtschaftspolitischen und keine innenpolitischen gibt [61]. Die totale Zertrümmerung der bisherigen Ordnungselemente charakterisiere vielmehr als einziges die „doktrinlose nihilistische Revolution in Deutschland" [62].

Es ist kein Zweifel, daß Rauschning hier einen wesentlichen Zug der nationalsozialistischen Revolution gesehen hat; jedoch ist es in seine Interpretation eingeschlossen, daß Nihilismus hier in dem Doppelsinn gebraucht wird, den dieser Begriff schon bei Nietzsche besitzt, von dem Rauschning ihn zweifellos übernommen hat. Nihilismus ist Zerstörung der alten Werte, aber doch auch letzten Endes wieder die Aufrichtung neuer Werte, wenn sich diese auch vorerst nur in dem unbegrenzten Willen zur Macht einer neuen Elite aussprechen. Die Ideologie der nihilistischen Wertfreiheit enthält zugleich eine neue Wertideologie, die eine Wendung ins Biologische, Darwinistische nehmen kann, wie sie bei Nietzsche und in der Deutung des Hitlerschen Nihilismus durch Rauschning tatsächlich zu verfolgen ist. In der Revolution des Nihilismus sind daher von vornherein bereits ideologische Elemente ent-

[58] Tübingen 1969, vor allem S. 14.
[59] H. Rauschning, Die Revolution des Nihilismus. Neu herausgegeben von Golo Mann, Zürich 1964 (Zitate nach dieser Ausgabe), S. 51.
[60] Rauschning, Revolution des Nihilismus, S. 52.
[61] Rauschning, a.a.O., S. 54.
[62] Rauschning, a.a.O., S. 147.

halten – die „Lehre von der Gewalt" ist eine solche –, in dem zweiten Buch von Rauschning treten diese noch deutlicher hervor. Wenn Jäckel die Begründung der Lehre vom „nihilistischen Opportunismus"[63], von der völligen Prinzipienlosigkeit des Nationalsozialismus auf Rauschning zurückführt und ihr eine erhebliche Wirkung, u. a. auf den englischen Publizisten und Staatswissenschaftler Harold Laski und sogar auf Georg Lukácz zuschreibt, so wird dabei übersehen, daß Rauschning diese Lehre in den „Gesprächen mit Hitler" bereits erheblich korrigiert hat. Was in diesen von Hitler geäußert wird, ist zweifellos ein politisches Programm, das sich auf bestimmte ideologische Grundelemente zurückführen läßt. Dies gilt nicht nur, was Jäckel selbst zugibt, für die außenpolitischen, vor allem ostpolitischen Ziele Hitlers, sondern für seine Vorstellungen von einer neuen Sozialordnung ebenso wie für seine antichristlichen Ideen eines „weltlichen Priesterstaates"[64]. Die Rauschningschen Gespräche sind daher eher eine Bestätigung für Jäckels eigene These von einer geschlossenen „Weltanschauung" Hitlers, sei sie so erschreckend wie immer, und sie rechtfertigen sicher nicht den radikalen Schluß, daß Rauschnings Buch heute „vollkommen entbehrlich" für das Verständnis Hitlers sei[65]. Jäckel steht dem Rauschning der „Gespräche" weit näher, als sich zunächst aus einzelnen seiner Argumente zu ergeben scheint. So gesteht er Rauschning nur die Begründung des „instrumentalen Charakters des nationalsozialistischen Antisemitismus" zu[66] und beruft sich hierbei auf eine Stelle in Rauschnings Buch, wo Hitler die Frage verneint, ob der Jude vernichtet werden solle: „Dann müßten wir ihn erfinden. Man braucht einen sichtbaren Feind, nicht bloß einen unsichtbaren."[67] Daraus auf ein endgültiges Programm für die Hitlersche Judenpolitik zu schließen, wäre wohl verfehlt, vielmehr gibt dieses Zitat die Situation vom Frühjahr 1933 wieder, in der von Hitler das Judentum als ein Pfand gegenüber dem Ausland angesehen wird. Es ist noch nicht von Judenvernichtung die Rede, aber von Maßnahmen, „um die Juden langsam, aber unerbittlich zu enteignen und aus Deutschland zu jagen"[68]. In anderem Zusammenhang spricht

[63] Jäckel, a.a.O., S. 14.
[64] Rauschning, Gespräche mit Hitler, S. 236.
[65] So Jäckel, a.a.O., S. 14.
[66] Jäckel, a.a.O., S. 17. Heranzuziehen für diese Deutung Jäckels wäre auch folgender Satz aus der „Revolution des Nihilismus" (S. 54 f.): „So ist der Kampf gegen das Judentum, so gewiß er im Mittelpunkt nicht bloß materieller Maßnahmen, sondern auch geistespolitischer Bestrebungen steht, sicherlich doktrinären Ursprungs, aber er ist heute Hilfsmittel der revolutionären Auflockerung der Nation, Zersetzungsmittel bisheriger bürgerlicher Denk- und Wertkategorien, Zersetzung des liberalistischen, auf der Unternehmerinitiative beruhenden wirtschaftlichen Gefüges, Abschlagszahlung auf den revolutionären Zerstörungswillen der Massen, Anleitung zum Zynismus und dergleichen mehr."
[67] Rauschning, Gespräche mit Hitler, S. 223.
[68] Rauschning, Gespräche mit Hitler, S. 87.

Rauschning schon vom „metaphysischen Haß" Hitlers gegen das Judentum. „Hitler aber glaubt", schreibt Rauschning, „an den bösen Charakter des ewigen Juden. Für Hitler ist der Jude das schlechthin Böse. Er hat ihn zu dem Herrn seiner Gegenwelt emporgesteigert. Er sieht ihn mit dem mythischen Auge, und er braucht ihn, um sich selbst an ihm zu steigern"[69]. Wenn in der letzten Wendung dieses Satzes sicherlich noch etwas von einer Mentalität anklingt, die von Jäckel „funktionaler Antisemitismus" genannt wird, so wird doch auch bei Rauschning die zentrale Position deutlich, die Antisemitismus und Judentum in Hitlers Weltanschauung einnehmen. Von doktrinlosem Nihilismus kann hier nicht mehr gesprochen werden, der Gegenwelt, an der sich der Hitlersche Nationalsozialismus emporsteigert, muß nur ein apokalyptisches Ende bereitet werden, damit der Sieg der eigenen Weltanschauung vollendet werden kann.

4.

Wenn man nach der Bedeutung von Rauschnings „Gesprächen mit Hitler" als Geschichtsquelle fragt, so wird man bei einer genauen Untersuchung mit dem engsten Rahmen beginnen müssen, in dem sich diese Gespräche bewegen: mit der Danziger Frage und im weiteren Sinne mit den deutsch-polnischen Beziehungen zu Beginn der nationalsozialistischen Ära, im weitesten mit der Hitlerschen Ostpolitik und ihren letzten Zielen. Daraus ergeben sich folgende methodischen Probleme, die immer im Auge behalten werden müssen: 1. Ist der Informationswert der Rauschningschen Mitteilungen durch andere Quellen, die in den über 30 Jahren seit dem Erscheinen des Werkes bekanntgeworden sind, gemindert oder gar unerheblich geworden, da inzwischen bessere und gesichertere Aussagen über diese Phase der Hitlerschen Politik vorliegen? 2. Wenn andere Aussagen vorliegen, wird durch sie die Darstellung Rauschnings bestätigt oder widerlegt? 3. Bleiben Informationen, die wir nach wie vor ausschließlich Rauschning verdanken, und wie sind diese zu bewerten?

Hierzu ist zunächst ganz allgemein zu sagen, daß unser Zugang zu den amtlichen Dokumenten für die erste Phase der Hitler-Zeit, wenigstens was die deutschen Akten über die auswärtige Politik betrifft, heute unbegrenzt offen ist, sowohl hinsichtlich der Originale wie der verfilmten Kopien, die sich in amerikanischem Besitz befinden. Die große Aktenpublikation über die deutsche auswärtige Politik seit dem Beginn der Weimarer Republik bis zum Ende des Hitler-Reiches 1918–1945 brachte bisher die erste Phase des

[69] Rauschning, Gespräche mit Hitler, S. 221.

Dritten Reiches nur in einer englischen Ausgabe. Von der die Zeit von 1933 bis 1937 behandelnden Serie C sind es die zwei ersten Bände, die den in den Rauschningschen Gesprächen behandelten Zeitraum decken und eine Reihe von Dokumenten in englischer Übersetzung enthalten. Für die Politik des NS-Reichs in ihrem ersten Abschnitt im allgemeinen stehen uns auch vor allem die französischen, englischen und amerikanischen Aktenpublikationen zur Verfügung. Von polnischen Akten fehlt eine entsprechende Ausgabe, das Tagebuch des polnischen Diplomaten Szembek [70] bringt manches Interessante über die deutsch-polnischen Beziehungen nach dem Abschluß des Nichtangriffsabkommens, erwähnt aber den Namen Rauschning nicht [71]. Unmittelbare Äußerungen Hitlers sind, soweit es sich nicht um öffentliche Erklärungen handelt, für diesen Zeitraum selten überliefert. Für die Phase vor der Machtergreifung ist im letzten Jahrzehnt das sogenannte Zweite Buch Hitlers publiziert worden [72], eine in erster Linie auf außenpolitische Probleme ausgerichtete Schrift, die für die Kontinuität von Hitlers außenpolitischen Konzeptionen heute eines der wichtigsten Zeugnisse bildet. Für die Jahre nach der Machtübernahme und des Krieges werden unsere Quellen weit dichter und haben weitaus stärkeren persönlichen Charakter: hier verfügen wir nicht nur über eine seither veröffentlichte Anzahl von Geheimreden Hitlers [73], sondern vor allem aber auch über die Fragmente der „Lagebesprechungen" aus dem Kriege [74] und über Hitlers Tischgespräche aus dem Hauptquartier, so viele Überlieferungsprobleme ihre Publikation im einzelnen auch aufwirft [75]. Sie sind ihrer Gattung nach das einzige Äquivalent zu

[70] Jean Szembek, Journal 1933–1939, Paris 1952.

[71] Gerhard L. Weinberg, The Foreign Policy of Hitler's Germany, spricht S. 375 davon, daß diese Ausgabe des Journal nur eine Auswahl aus den Tagebüchern Szembeks bilde und eine vollständige Edition in Polnisch vorbereitet werde.

[72] Hitlers Zweites Buch. Ein Dokument aus dem Jahre 1928. Eingeleitet und kommentiert von Gerhard L. Weinberg, Stuttgart 1961.

[73] So in Henry Picker, Hitlers Tischgespräche im Führerhauptquartier 1941–1942, Stuttgart ²1965, die Geheimrede vor dem Offiziersnachwuchs vom 30. Mai 1942, S. 493 ff. und die bei Hildegard von Kotze und Helmut Krausnick, Sieben exemplarische Reden Hitlers, Gütersloh 1966, gedruckten Reden.
Die Sammlung von Max Domarus, Hitler. Reden und Proklamationen, 2 Bde., Würzburg 1964, enthält manches Material, ist aber im ganzen sehr dilettantisch und nicht in Kenntnis des Stands der Forschung.

[74] Helmut Heiber, Hitlers Lagebesprechungen. Die Protokollfragmente seiner militärischen Konferenzen 1942–45, Stuttgart 1962.

[75] Hier wird die von Percy Ernst Schramm herausgegebene deutsche Ausgabe von Henry Picker, Stuttgart ²1965 zugrunde gelegt. Über die verwickelte Textgeschichte vgl. die „Erläuterungen zur Sache", S. 13 ff. in dieser Ausgabe. Über die französische, britische und amerikanische Ausgabe vgl. die Angaben S. 22. Gerhard L. Weinberg unterstellt dieser Ausgabe „zahlreiche Irrtümer und den Mangel, nicht die in der Library of Congress verfügbaren Texte in Betracht gezogen zu haben". (The Foreign Policy of Hitler's Germany, S. 371).

Rauschnings Gesprächen, allerdings ihrer Intention nach weit mehr als diese auf protokollarische Wiedergabe von Hitlers Äußerungen gerichtet. Dazu kommen als Aussagen Dritter die Tagebücher Cianos, Goebbels', v. Hassells, nur um einige zu nennen, und nicht zuletzt die für die Erfassung von Hitlers Persönlichkeitsbild und seiner Entwicklung unentbehrlichen Memoiren Albert Speers. Mit Ausnahme der Erinnerungen Speers behandeln diese zuletzt genannten Quellen jedoch nicht den Zeitraum, über den Rauschning berichtet, so daß wir dafür nach wie vor fast nur auf archivalisches Material angewiesen sind. Darin kann insofern ein Vorteil liegen, als wir die von Rauschning gegebenen Informationen fast nur aus erster Hand an den Akten und nicht an Äußerungen Dritter überprüfen können.

Das gilt nun nicht für die erste Erwähnung Danzigs in den „Gesprächen" Rauschnings. Sie betrifft einen abenteuerlich klingenden Plan Hitlers im Jahre 1932, bei einem etwaigen Verbot der NSDAP durch die Regierung Papen im Reich mit dem Hauptquartier der Partei nach Danzig auszuweichen, wo die NSDAP als stärkste Partei seit 1930 eine Minderheitsregierung unter deutsch-nationaler Führung tolerierte [76]. In einer längeren Aussprache mit dem Danziger Gauleiter Forster und Rauschning, so berichtet dieser, seien sowohl die Möglichkeiten von Neuwahlen in der Freien Stadt wie die Chancen, die amtierende Regierung zur Tolerierung des Hitlerschen Hauptquartiers in Danzig zu bewegen, erörtert worden. Dieser Plan von der „Freien Stadt als Freistatt", von dem z. B. Carl J. Burckhardt im Anschluß an Rauschning als von einer unbezweifelten Tatsache berichtet [77], läßt jede Abschätzung der schwierigen und komplizierten internationalen Lage der Freien Stadt Danzig vermissen und hätte sich ohne offenen Konflikt mit Polen kaum denken lassen. Vielleicht war es nur ein verwegenes Gedankenspiel Hitlers, das sich ohnehin nur auf Befürchtungen und keineswegs auf reale Pläne seitens der Regierung Papen stützen konnte [78], von seiner vorsichtig taktierenden Außenpolitik in der ersten Phase seiner Regierung läßt er jedenfalls nichts erkennen. Das ist um so überraschender, als Hitler in dem gleichen Gespräch mit Rauschning und Forster schon *vor* der Machtergreifung seine Abneigung deutlich machte, einen Krieg gegen Polen zu beginnen: „Er würde vielmehr alles vermeiden, was die Spannungen vergrößern müßte." Nach Rauschning fährt Hitler fort: „Er für sein Teil sei sogar bereit, mit Polen ein Abkommen zu schließen." Und dann heißt es wörtlich:

[76] Rauschning, Gespräche S. 30 ff.
[77] Carl J. Burckhardt, Meine Danziger Mission, S. 32.
[78] Rauschning, Gespräche, S. 32 schreibt dazu: „... es kam auch nicht zu einem Entschluß, weil es die Papenregierung vorzog, das Verbot nicht durchzuführen."

„Wir müssen erst stark sein. Alles andere findet sich. Ich werde Schritt für Schritt gehen. Nie zwei zugleich . . ." [79]

Wenn die Worte in dieser Form und zu diesem Zeitpunkt gefallen sind, dann wären sie ein Beweis für Hitlers schon vor 1933 vorhandene Absicht, in der ersten Risikophase seiner Regierung ein aufschiebendes Abkommen mit Polen zu schließen, wie es dann im Januar 1934 geschehen ist. Ein Jahr später, nach dem Danziger nationalsozialistischen Wahlsieg im Mai 1933, hat Hitler diese Bereitschaft zu einem Vertrag mit Polen noch einmal Rauschning und Forster gegenüber wiederholt; er verband sie mit einer doppelten Mahnung: einer an die Adresse Forsters, „eine lärmende patriotische Politik im Sinne deutschnationaler Selbstbetätigung" zu vermeiden, und einer anderen mehr an die Adresse Rauschnings gerichteten: „Die Danziger Frage wäre nicht von uns zu lösen, sondern nur von ihm, und zwar nur, wenn Deutschland stark und gefürchtet sei. Je lautloser und stiller wir unseren Existenzkampf weiterführten, desto besser entspräche das dem deutschen Interesse. Es sei nicht unsere Aufgabe, die Danziger Frage oder das Korridorproblem zu lösen. Das müsse man schon dem Reich überlassen." [80]

Es ist kein Zweifel, daß auf diesem Feld die Wurzeln des Zerwürfnisses Rauschnings mit Hitler und dem Nationalsozialismus liegen. Rauschning war es wohl nicht, der, wie man gemeint hat, Hitler die Anregungen für eine durchaus nur taktisch gemeinte Polenpolitik geben mußte[81], aber er hat später in Anspruch genommen, in der Ermächtigung durch Hitler eine Legitimation gesehen zu haben, „der Entspannung klarere Züge zu geben und bei Hitler Gedanken einer neuen Politik anzuregen, die ihm anfänglich fernlagen[82]. In der Tat verstand nun Rauschning von vornherein unter einer Verständigung mit Polen über die Danzig-Frage mehr als nur ein taktisches Manöver, vielmehr sollte im Sinne konservativer Ideen eines partnerschaftlichen Verhältnisses Deutschlands zu den östlichen Nationen Danzig das „Probierfeld der Kooperation" werden. „Anstatt eines Streitobjektes hätte Danzig bei einer großzügigen Führung der Ostpolitik geradezu zu einem Deutschland und Polen verbindenden Glied einer wirklich tragbaren europäischen Neuordnung werden können." [83] In Danzig mußte, fährt Rauschning in der Selbstinterpretation seiner Politik fort, „der Nationalsozialismus sozusagen liberal, fähig zu wirtschaftlicher Verflechtung, zum

[79] Rauschning, Gespräche, S. 33.

[80] Rauschning, Gespräche, S. 84. Fast wörtliche, aber ausführliche Erklärung darüber in Revolution des Nihilismus, S. 299. Hier steht auch das Wort Rauschnings von Danzig als dem „Probierfeld für eine wirkliche Realpolitik", oder „Probierfeld der Kooperation".

[81] So Richard Breyer, Das Deutsche Reich und Polen 1932–1937, Würzburg 1957, S. 87.

[82] Breyer, a.a.O., S. 88 nach einem Brief Rauschnings an R. Breyer.

[83] Rauschning, Revolution des Nihilismus, S. 297.

internationalen Güteraustausch, zur Toleranz werden." [84] Das Wort von Danzig als einem „künftigen Antwerpen der Ostsee" war schon früher gefallen [85]; jetzt ist von einer Westminsterakte für die Staaten Mittel- und Osteuropas die Rede, von einem „freiwilligen Zusammenschluß unter deutscher Führung" [86].

Rauschning ergriff in diesem Sinne die schon berührten Initiativen für ein Abkommen mit Polen über eine bessere Ausnutzung der Danziger Hafenkapazität, für eine sehr weitgehende Vereinbarung über die Gleichstellung der polnischen Minderheit in der Freien Stadt, und er tat bei dem zuerst zögernden und der nationalsozialistischen Revolution gegenüber skeptischen Pilsudski die ersten Schritte für die Anbahnung eines deutsch-polnischen Abkommens, ja, für eine – nie zustande gekommene – Begegnung des polnischen Marschalls mit Hitler. Das alles schien durch die Vollmacht Hitlers gedeckt und war es doch nicht. Nach Rauschnings eigenem Bericht in den „Gesprächen" hat ihn Hitler nie im Zweifel darüber gelassen, daß alle Abmachungen mit Polen nur vorübergehenden Wert hätten. So sagt Hitler: „Ich denke gar nicht daran, mich ernstlich mit Polen zu verständigen. Ich habe es nicht nötig, mit irgendeiner Macht zu teilen ... Ich kann jederzeit mit Sowjetrußland zu einem Einvernehmen kommen. Ich kann Polen aufteilen, wann und wie es mir beliebt. Aber ich will das nicht. Es kostet mir zu viel. Wenn ich es vermeiden kann, werde ich es nicht tun. Ich brauche Polen nur so lange, als ich noch vom Westen bedroht werden kann." [87] Rauschning kannte also den taktischen Sinn der Polenpolitik Hitlers, aber er gesteht später, es für möglich gehalten zu haben, „Hitler zu einer maßvollen Politik der wirtschaftlichen und politischen Durchdringung Mitteleuropas zu bestimmen", und er sah Ansätze dazu in seiner Polenpolitik [88].

Dies war ein grundlegender Irrtum. Die zunehmende Isolierung Rauschnings, sein sich zuspitzender Konflikt mit dem Gauleiter Forster in der Partei zeigen den inneren Widerspruch an, in dem sich Rauschning zu den taktischen Absichten Hitlers und der nationalsozialistischen Polenpolitik befand. Dazu kam ein weitverbreitetes Unverständnis auch des nationalen Bürger-

[84] Rauschning, Revolution des Nihilismus, S. 299. Über die tatsächlichen Wirkungen der neuen deutschen Politik vgl. das Kapitel „Danzig" in dem Buche des amerikanischen Journalisten H. R. Knickerbocker, Kommt Krieg in Europa? (deutsch Berlin 1934), S. 12 ff.: „Denn heute ist Danzig nationalsozialistisch, und zum erstenmal seit 13 Jahren lebt Danzig in Frieden mit Polen. Zum erstenmal seit dem Krieg hat Danzig aufgehört, in der Liste der wahrscheinlichen Kriegsherde an erster Stelle zu stehen ..."

[85] Rauschning, Gespräche, S. 34.

[86] Rauschning, Gespräche, S. 117.

[87] Rauschning, Gespräche, S. 113.

[88] Rauschning, Gespräche, S. 109.

tums und der ostdeutschen Agrarier und Widerstände in der Diplomatie im Auswärtigen Amt gegenüber jeder Annäherung an Polen [89]; dem Unbehagen darüber gab auch der deutschnationale Amtsvorgänger Rauschnings als Danziger Senatspräsident, Ernst Ziehm, Ausdruck, wenn er in seinen Erinnerungen schrieb: „Danzig trug die Last der Politik Hitlers." [90] Nicht der persönliche Konflikt Rauschnings mit Forster, nicht die Zerwürfnisse wegen der immer schwieriger werdenden Danziger Währungsfrage, die nach Rauschnings Sturz zu der auch von ihm für unabwendbar gehaltenen Guldenabwertung geführt hat, sondern letzten Endes eine völlig andere Grundauffassung über das Experiment der Verständigung mit Polen war der Grund für das Scheitern der Politik Rauschnings.

Die „Gespräche mit Hitler" berichten darüber nur relativ kurz. Ausführlicheres findet sich in den anderen im Exil geschriebenen Büchern Rauschnings, vor allem in der „Revolution des Nihilismus" und der „Konservativen Revolution" [91], zwei Werke, von denen das eine die Kritik der nationalsozialistischen Revolution, das andere die eigene Position des konservativen Revolutionärs vertritt. Die Akten lassen das Grundsätzliche des Streits aber nur zwischen den Zeilen erkennen; das gilt vor allem auch für das Memorandum, das Rauschning vor seinem Rücktritt an Hitler leitete [92]. In ihm schim-

[89] Über solche Widerstände gegen Rauschnings Politik der „ideologischen Übertreibung in nationalkonservativen Kreisen und im Auswärtigen Amt" vgl. R. Breyer, a.a.O., S. 110 f.

[90] Ernst Ziehm, Aus meiner politischen Arbeit in Danzig 1914–1939, Marburg ²1960, S. 195.

[91] Über die letzten Vorgänge bei seinem Sturz hat Rauschning in seinem Buche „Die konservative Revolution. Versuch und Bruch mit Hitler", New York 1941, S. 24 ff. eine Reihe von Dokumenten veröffentlicht.

[92] Memorandum über die Lage Danzigs Ende September 1934, Politisches Archiv des Auswärtigen Amtes, Geheimakten der Abteilung IV „Polen/Danzig Pol 5, Innere Politik Danzigs Dezember 1927–Februar 1936. Durchschlag für Handakten des Ministerialdirektors Mayer vom 28. September 1934 (Text Anlage 3, Englische Übersetzung in Documents on German Foreign Policy 1918–1945, Serie C, Bd. III, Nr. 224, S. 432–444). Das Memorandum wurde von Neurath mit einem vom 29. September 1934 datierten Begleitschreiben an Hitler weitergegeben. Dazu die in Einzelheiten durch die Akten nicht bestätigte Darstellung Rauschnings in den „Gesprächen" S. 205: „Ich blieb in Berlin und wartete. In einem Memorandum hatte ich die Grundlinien einer allein möglichen Danziger Politik skizziert. Da mir die Partei nicht zur Verfügung stand, versuchte ich dieses Memorandum über den Außenminister v. Neurath an Hitler mit der Bitte um eine Rücksprache gelangen zu lassen. Neurath war auf der Gemsjagd. Die Frage interessierte ihn nicht. Die Protektion „kompromittierter" Leute war mißlich. Ich versuchte v. Bülow, den Staatssekretär, zu interessieren. Er versprach sein Bestes. Aber ich wußte, daß eine Aussicht für meine Politik nur bestand, wenn ich dem Danziger Gauleiter bei Hitler zuvorkam. Ich weiß nicht, ob mein Memorandum jemals in die Hände von Hitler kam. Wenn das der Fall war, so hat er es jedenfalls nicht gelesen. Hitler las keine Berichte und Memoranden. Aber Lammers hätte ihm daraus vortragen können. Dafür aber war Forster, der Danziger Gauleiter, mir zuvorgekommen. Er fand auf dem Obersalzberg Einlaß und Gehör. Hitler kapitulierte vor seinem Gauleiter. Hitler ließ mich nicht mehr

mern die grundsätzlichen Probleme, um die es eigentlich ging, meist hinter den aktuellen durch, wenn auch eine prinzipielle Frage: die Unvereinbarkeit des besonderen staats- und völkerrechtlichen Status der Freien Stadt Danzig mit einer vollen Gleichschaltung durch die NSDAP mit unmißverständlicher Deutlichkeit ausgesprochen wird. In der Darstellung dieses Kernproblems stimmt die Zusammenfassung in den „Gesprächen" mit dem Inhalt des Memorandums durchaus überein, von einigen verschiedenen Akzentuierungen abgesehen: so berichtet Rauschning in seinem Buche, er habe die „sofortige Devalvation des Guldens" gefordert, in dem Memorandum für den gegen alle Abwertung allergischen Hitler wird diese viel vorsichtiger „als letzter Punkt" und als später in Angriff zu nehmende Maßnahme „durch Anhängung des Guldens an das Pfund" behandelt [93].

Gegenüber der Sprache der Akten zeigt auch sonst die Sprache der Bücher Rauschnings da, wo wir beide vergleichen können, eine Tendenz zur polemischen Zuspitzung, ja zur Dramatisierung. Dafür bietet gerade die Ostpolitik manche Beispiele, so in erster Linie das ausführliche Gespräch, das Rauschning mit Pilsudski am 11. Dezember 1933 führte; darüber finden sich Andeutungen in den „Gesprächen" und ein ausführlicherer Bericht in der „Revolution des Nihilismus", den wir mit einer Aufzeichnung im Auswärtigen Amt vom 14. Dezember 1933 vergleichen können [94]. In den späteren Darstellungen Rauschnings kommt der kritische Unterton der Äußerungen Pilsudskis über den Nationalsozialismus viel deutlicher, vielleicht nachträglich zu deutlich zum Ausdruck: in der „Revolution des Nihilismus" spricht Rauschning von der bemerkenswerten Offenheit, mit der der Marschall über den Nationalsozialismus als die neue politische Form der deutschen Nation geurteilt habe. Er erwähnt den rückhaltlosen Hinweis des Marschalls auf „einige besonders auffallende Züge im nationalsozialistischen Regiment" und die daran geknüpften Bedenken über die Stabilität der deutschen Verhältnisse. „Herr Hitler riskiere zu viel", äußerte sich der Marschall Polens wiederholt. Hitler habe das deutsche Volk nicht geändert und würde es auf seine Weise nicht ändern. Die wesentlichen Gebrechen des deutschen Regimes sehe Pilsudski wohl „in einer unnatürlichen und ungesunden Übersteigerung

zur mündlichen Begründung meiner Denkschrift vor. Damit war für mich die Bahn vorgezeigt. Ich trat zurück." (Für die Intervention bei Staatssekretär v. Bülow liegt eine Aufzeichnung Rauschnings über seine Rücksprache mit Bülow am 6. Oktober 1934 unter dem Datum des 1. Oktober in den Akten des Politischen Archivs vor.)

[93] Rauschning, Gespräche, S. 204.

[94] Rauschning, Gespräche, S. 109 ff.; Revolution des Nihilismus, S. 286 ff. Aufzeichnung Köster (umgearbeitet) über den Bericht Rauschnings von seinem Besuch in Warschau am 11. und 12. Dezember 1933. (Politisches Archiv des Auswärtigen Amts: Geheimakten 1920–1936, Paket 171/3.)

an sich vorübergehend heilsamer Maßnahmen". Die ausgesprochene Diktatur habe Pilsudski offensichtlich für schädlich und unstabil, weil alle regenerativen Kräfte zerstörend, gehalten. In dem amtlichen Dokument des Auswärtigen Amtes, dessen Inhalt auch Hitler zu Ohren kommen konnte, spürt man das Bemühen, diese politischen Bemerkungen Pilsudskis möglichst zu entschärfen [95]: in ihm heißt es lediglich, Pilsudski habe ausgeführt, er habe aus den ihm zugegangenen Berichten den Schluß gezogen, daß die nationalsozialistische Regierung in Deutschland sich noch konsolidieren müßte. Doch enthalten die aus verschiedenen Jahren stammenden und sehr heterogene Zwecke verfolgenden Berichte auch direkte Widersprüche: so unterstreicht Rauschning in den „Gesprächen", es sei nicht bloß historische Romantik, wenn Polen selbst Ansprüche auf die Ukraine realisieren wolle, auch solche auf Litauen, vielleicht sogar Lettland; es wären wohl reale, geographisch bedingte Tendenzen, wenn die Konturen eines großpolnischen Imperiums von der Ostsee bis zum Schwarzen Meer, von Riga bis Kiew den polnischen Politikern als unerläßliches nationales Zukunftsbild vorschweben [96]. Der Aktenvermerk über Rauschnings Bericht von seinem Warschauer Besuch

[95] Über Hitlers Reaktion auf die Kritik Pilsudskis vgl. Revolution des Nihilismus, S. 288: „Mit einer Handbewegung schob Hitler alle ernsten Einwände zurück, ließ sich durch keine Einsicht kränken, sondern lehnte es vor allem ab, den feineren Motiven nachzugehen, die in der Pilsudskischen Kritik für ein tieferes politisches Gespräch mit Polen gegeben waren."

[96] Rauschning, Gespräche, S. 112. Von polnischer Seite wird die Ausdehnung des Gesprächs vom 11. Dezember 1933 auf allgemeine Fragen der Ostpolitik nicht bestätigt, ja bestritten. Bogdan Dopierała, Gdańska Polityka Józefa Becka (Die Danziger Politik Josef Becks), Posen 1967, zitiert (S. 63) die Aufzeichnungen des polnischen Generalkommissars in Danzig, Kazimierz Papée, der an der Unterredung Rauschnings mit Pilsudski zusammen mit Außenminister Beck teilgenommen hat. Papée selbst hat am 18. April 1968 in Nr. 1167/1168 der „Wiadomości", London, unter dem Titel „Rauschning w Belwederze" (Rauschning im Belvedere) einen Bericht veröffentlicht, der sich auf diese Aufzeichnung stützt (Beilage „Na antenie", S. V). Danach wird zwar bestätigt, daß Rauschning Vorschläge für eine Zusammenkunft Hitlers und des polnischen Marschalls gemacht habe, aber Pilsudski darauf nicht eingegangen sei. Die Behauptung Rauschnings in seinem „Schriftlichen Bericht" vom 14. Dezember 1933 (gemeint ist wohl die im Auswärtigen Amt verfaßte, von Köster gezeichnete Aufzeichnung vom 14. Dezember über das Gespräch), in dem es heiße, daß Polen eventuelle Versuche Deutschlands, sein Interesse auf die russische Ukraine zu lenken, niemals positiv aufnehmen werde, finde dagegen in seiner (Papées) Aufzeichnung des Gesprächs keine Bestätigung: „Es betraf Angelegenheiten der Freien Stadt und ihres Verhältnisses zur Republik (Polen), es war ein realistisches politisches Gespräch. Für historiosophische Ausführungen über das Thema einer künftigen Expansion Polens war in ihm kein Platz." Papée schreibt die hochpolitische Ausschmückung der Begegnung mit Pilsudski dem verständlichen Wunsch Rauschnings zu, seine persönliche Position zu stärken. Vgl. dazu auch den von Breyer, a.a.O., S. 175 ff., ausführlich zitierten Brief Rauschnings vom 1. 10. 1951 an ihn, dessen Veröffentlichung offenbar Papée zu seiner Gegendarstellung veranlaßt hat. (Den Hinweis auf diese Auseinandersetzung verdanke ich Herrn Georg Streiter.)

notiert dagegen ausdrücklich, Pilsudski habe geäußert, daß von Polen etwaige Versuche Deutschlands, Polens Interesse auf die russische Ukraine zu lenken, nie und nimmer aufgegriffen werden würden. Zwar sehe Polen in dem dünn besiedelten Osten Polens ein Kolonisationsgebiet. Diese Aufgabe liege jedoch in weiter Ferne und könne für die augenblickliche Lage in keiner Weise in Rechnung gestellt werden. Entweder hat Rauschning in dem auf Anfang 1934 datierten Gespräch mit Hitler diese Warnung Pilsudskis vor deutschen Illusionen nicht ernst genommen, oder er überhörte sie geflissentlich, um daran Hitlers negative Reaktion auf polnische Großmachtpläne zeigen zu können. Dahinter verbirgt sich möglicherweise ein tieferer Zwiespalt der Auffassungen über die Funktion der neuen Polenpolitik zwischen Rauschning und Hitler: man konnte den Ausgleich mit Polen zweifellos auch als den Beginn einer antisowjetischen Politik verstehen, und es besteht kein Zweifel, daß er von namhaften Vertretern der nationalsozialistischen Partei, wahrscheinlich auch von Göring, so verstanden wurde [97]. Ob Rauschning solchen Auffassungen zuneigte, ist fraglich, manches spricht dafür, daß er eine polnische Orientierung nicht als Alternative, sondern als Ergänzung zu einer russischen auffaßte [98]. Aber als Hitler ihn fragte, ob Polen bereit sein würde, Gebiete im Austausch gegen andere Deutschland zu überlassen, stellte Rauschning die Gegenfrage: „Wollen Sie mit Polen gemeinsam Rußland angreifen?" Hitler beantwortete dies mit „Vielleicht" [99]. Diesem „Vielleicht" entspricht ein vorher von Rauschning berichteter doppelbödiger Satz Hitlers: „Es ist mir natürlich lieb, daß ich meine Ostpolitik *mit* Polen anstatt schon *gegen* Polen machen kann." [100] Mögen diese dialogischen Formulierungen strenger Quellenkritik kaum standhalten, sicher ist, daß sie die Problematik der neuen Polenpolitik Hitlers genau treffen. Schon in seinen früheren Äußerungen über die Lebensraumpolitik im Osten und den notwendigen Kampf gegen den Bolschewismus hat er sich über Polen in merkwürdiger Weise ausgeschwiegen [100a].

[97] Dazu enthält das Journal von Szembek manche interessante Hinweise.

[98] Dafür spricht seine Darstellung der besonderen Danzig-sowjetischen Beziehungen und seines Versuchs, das Interesse des Vertreters der Sowjetunion in Danzig, Kalina, an Danzig zu verstärken, „um eine politische Rückendeckung während der Polenverhandlungen zu haben". (Gespräche, S. 120 f.) Rauschning distanziert sich in diesem Zusammenhang von Gedanken des ostpreußischen Gauleiters Koch an ein sowjetisches Bündnis: „Ich erwiderte, daß ich nicht von einem Bündnis zwischen Deutschland und Rußland gesprochen haben wollte, sondern nur von einer vorübergehenden taktischen Rückendeckung. Ich könnte ebenfalls nicht die Ansicht teilen, daß ein solches Bündnis für Deutschland ungefährlich sei" (S. 123). Der konservative Rauschning spricht es ganz unverblümt aus, daß er die Gefahr einer Bolschewisierung Deutschlands von einem solchen Bündnis befürchte.

[99] Rauschning, Gespräche, S. 112.

[100] Rauschning, Gespräche, S. 111. Ebenso Revolution des Nihilismus, S. 288 f.

[100a] Vom „unklaren Stellenwert" Polens in diesem Konzept spricht Martin Broszat, Soziale

Als Hintergrund aller dieser Spekulationen muß man immer die gesamte Ostpolitik Hitlers mit Einschluß seiner Haltung zur Sowjetunion sehen. „Rußland, Freund oder Feind" ist ein Abschnitt der „Gespräche" überschrieben, in dem das Für und Wider eines russischen Bündnisses behandelt wird. In den Quellen findet sich nichts, was auf frühe Absichten Hitlers, unter Umständen ein Bündnis mit der Sowjetunion zu schließen, deutet. Alle älteren Aussagen dagegen, so etwa die im Zweiten Buch, lassen die Expansion nach dem russischen Osten als einen durchgehenden Zug der Hitlerschen politischen Konzeption mindestens seit 1924 erkennen [101]. Um so mehr liegt es nahe, die Äußerungen Hitlers in Rauschnings Ende des Jahres 1939 geschriebenem Buch über ein Bündnis zwischen Deutschland und Rußland als Konjekturen, die unter dem Eindruck des deutsch-russischen Neutralitätsvertrages vom August 1939 und aller seiner Folgen stehen, zu erklären. Aber es gibt doch zu denken, daß Hitler nach dem Bericht Rauschnings bereits den nächsten Schritt, d. h. den von 1941 ins Auge faßte, der keineswegs als eine Zurückprojizierung späterer Ereignisse aufgefaßt werden kann. So sagt Hitler bei Rauschning über das deutsch-russische Verhältnis: „Vielleicht werde ich das Bündnis mit Rußland nicht vermeiden können. Ich behalte es als letzten Trumpf in der Hand. Vielleicht wird dies das entscheidende Spiel meines Lebens werden. Aber es darf nur nicht in literarischen Winkeln beschwatzt, und es darf nicht zu früh ausgespielt werden. Und es wird mich nie davon abhalten, ebenso entschlossen die Wendung zurückzumachen und Rußland anzugreifen, nachdem ich meine Ziele im Westen erreicht habe." [102] Hier wird schon der Zeitplan sichtbar, der dann nachher im Zweiten Weltkrieg gelten sollte, allerdings mit der Einschränkung, daß die Erreichung der Ziele im Westen nicht geglückt ist. Der Pakt mit Rußland soll einen taktischen Sinn

Motivation und Führer-Bindung des Nationalsozialismus, Vjh. f. Zeitgeschichte XVIII, 1970, S. 407.

[101] Über diese Frage ist seit längerem eine Diskussion im Gange, die zuerst von Hugh Redwald Trevor-Roper, Hitlers Kriegsziele, Vjh. f. Zeitgeschichte VIII, 1960, S. 121 ff., ausgelöst wurde. Im späteren Stadium hat Andreas Hillgruber die Ostexpansion in einen „Stufenplan" Hitlers zur Erreichung einer deutschen Weltmachtstellung einzuordnen versucht, in dem am Ende die große Auseinandersetzung mit den USA, vielleicht erst in einer nächsten Generation, stehen mußte (A. Hillgruber, Der Faktor Amerika in Hitlers Strategie 1938–1941, Beilage zur Wochenzeitung Das Parlament 319/66, 1966, u. auch ders., Hitlers Strategie. Politik und Kriegführung 1940–1941, 1965, S. 192 ff.). Ähnliche Argumentation bei Klaus Hildebrand, Deutsche Außenpolitik. Kalkül oder Dogma?, Stuttgart 1971.

[102] Rauschning, Gespräche, S. 126. Die frappierend ähnliche Äußerung Hitlers zu C. J. Burckhardt vom 11. August 1939, er werde gezwungen sein, sich mit den Russen zu verständigen, den Westen zu schlagen und dann nach seiner Niederlage sich mit seinen versammelten Kräften gegen die Sowjetunion zu wenden, kann nach genauer Prüfung Rauschning nicht bekanntgeworden sein (C. J. Burckhardt, Meine Danziger Mission, 1960, S. 318).

haben: „Warum soll ich nicht einen Pakt mit Rußland schließen, wenn ich damit meine Lage verbessern kann?“ Ein letztes, definitives Ziel kann er nicht sein, wie Hitler gegen Anhänger eines Rußland-Kurses in seinen eigenen Reihen wie den Gauleiter Koch erklärt: „Auf solche Weise werden wir nie zu dem gelangen, was einmal nötig wird. Wir werden so niemals ein großes, die Welt beherrschendes Ganzes. Wir werden vielmehr einander dann erst recht mißtrauen. Und am Ende wird aus solchem Pakt der entscheidende Kampf, der nicht zu umgehen ist. Nur *einer* kann herrschen. Damit *wir* das sind, müssen wir Rußland besiegen.“ [103] Also keine Teilung der Weltherrschaft mit der Sowjetunion, das größte und letzte Ziel bleibt vielmehr die Niederringung Rußlands und die Gewinnung von „Lebensraum“, dies steht nach Rauschning für Hitler auch schon im Stadium der ersten Versuche einer hinhaltenden außenpolitischen Taktik 1933/34 außer Zweifel.

Man kann sich schwer vorstellen, daß der Autor dies alles erfunden hat, mindestens muß Hitler Äußerungen getan haben, aus denen er solche Schlüsse ziehen konnte. Oder sollte Rauschning nur das Geraune wiedergeben, das sich allenthalben in einer gegen eine Zusammenarbeit von Sowjets und Nationalsozialisten ungläubig bleibenden Welt über dunkle Hintergründe und dunkle Ziele Hitlers erhob?

Wir haben darüber noch keine vollständige Gewißheit. Es mag zur Sicherung der Rauschningschen Aussagen etwas beitragen, daß die „Gespräche“ auch sonst noch eine Reihe von Prognosen bringen, die in der Zeit nach dem Winter 1939/40 tatsächlich eingetreten oder die wenigstens nachweislich erörtert worden sind: so die Umgehung, nicht die Durchbrechung der Maginotlinie bei dem Feldzug in Frankreich, der Plan der Landung in England, der Griff nach dem schwedischen Erz, der allerdings nach Rauschning immer nur durch die Besetzung Schwedens und nicht Norwegens vor sich gehen sollte, der makabre Ausblick auf die Zerstörungen, die in Trümmer fallenden Städte und das Verschwinden alter Bauwerke [104].

[103] Rauschning, Gespräche, S. 123. Im Zweiten Buch hat Hitler den Glauben an die deutsch-russische Verständigung als „phantastisch“ bezeichnet (S. 153), und als Ergebnis eines deutsch-russischen Bündnisses „die restlose Herrschaft des Judentums in Deutschland“ genauso wie in Rußland bezeichnet (S. 153). Auch hier wird in Einklang mit den Äußerungen in den „Gesprächen“ von Hitler festgestellt, daß ein Bündnis mit Rußland für Deutschland nicht zu einer „endgültigen außenpolitischen Zielsetzung“ kommen lasse und nichts dadurch an der „grundsätzlichen Lebensfrage, ja der Lebensnot unseres Volkes“ geändert werde (S. 155).

[104] Maginotlinie und Landung in England: Rauschning, Gespräche, S. 114; schwedisches Erz: a.a.O., S. 132 („Es wird ein gewagtes aber interessantes Unternehmen werden, wie es noch niemals in der Weltgeschichte versucht worden ist.“) und S. 119; über die Zerstörungen in einem bevorstehenden Krieg, S. 265 („Ich fürchte keine Zerstörungen. Wir werden viel daran geben müssen, was uns lieb und heute unersetzlich erscheint. Städte werden in Trümmer zerfallen; edle Bauwerke werden für immer verschwinden. Diesmal

Die „Gewinnung von Lebensraum" im Osten erscheint seit „Mein Kampf" als durchgehender Gedanke bei Hitler [105] und wird heute als eine Dominante seiner politischen Vorstellungswelt seit dieser Zeit angesehen. Diese Auffassung hat sich seit der Kenntnis des Zweiten Buches endgültig gefestigt. Die Wiederherstellung der Grenzen von 1914 als außenpolitische Aufgabe wird in dieser Niederschrift Hitlers aus dem Jahre 1928 als die „allerdümmste außenpolitische Zielsetzung" [106] bezeichnet, die deshalb doppelt dumm und gefährlich sei, weil sie in Wirklichkeit überhaupt kein irgendwie nützliches und erstrebenswertes Ziel enthielt: „Die deutschen Grenzen des Jahres 1914 waren Grenzen, die genauso etwas Unfertiges darstellten, als sie die Grenzen der Völker zu allen Zeiten sind." Sie seien weder national- noch militär- noch raumpolitisch irgendwie befriedigend gewesen. „Würde das deutsche Volk die Wiederherstellung der Grenzen des Jahres 1914 tatsächlich erreichen, so wären nichtsdestoweniger die Opfer des Weltkrieges umsonst gewesen. Aber auch die Zukunft unseres Volkes würde nicht im geringsten gewinnen durch eine solche Wiederherstellung. Diese rein formale Grenzpolitik unseres nationalen Bürgertums ist ebenso unbefriedigend im möglichen Endresultat, als unerträglich gefährlich." [107] Hitler hat nach Rauschnings Bericht wahrscheinlich im Oktober 1933 fast wörtlich an diese Äußerungen von 1928 angeknüpft: Der Kampf gegen Versailles, so lesen wir in den „Gesprächen", sei das Mittel, aber nicht das Ziel seiner Politik. „Mich interessieren selbstverständlich die alten Grenzen des Reiches nicht. Die Wiederherstellung des Vorkriegsdeutschlands ist keine Aufgabe, die unsere Revolution rechtfertigt." [108] Rauschning weiß noch einiges mehr zu diesem Thema beizutragen, indem er Hitler bereits von den Konsequenzen sprechen läßt, die eine solche Politik nicht der Revision, sondern der außenpolitischen Revolution haben mußte. So erscheint in den „Gesprächen" ein Abschnitt mit der Überschrift „Die Pflicht zu entvölkern" [109].

Dieses Wort fällt nach Rauschning im Anschluß an die Bemerkungen, die

wird unser heiliger Boden nicht verschont bleiben. Aber ich fürchte dies nicht. Wir werden die Zähne zusammenbeißen, wir werden weiter kämpfen. Deutschland wird schöner und größer als jemals ein Land der Welt aus diesen Trümmern erstehen." Diese Formulierungen erinnern sehr an Reden in der zweiten Kriegshälfte, so noch von Goebbels am 19. IV. 1945).

[105] Darüber Axel Kuhn, Hitlers außenpolitisches Programm, Stuttgart 1970, S. 115 ff.

[106] Hitlers Zweites Buch. Ein Dokument aus dem Jahr 1928. Eingeleitet und kommentiert von Gerhard L. Weinberg. Mit einem Geleitwort von Hans Rothfels, Stuttgart 1961, S. 113.

[107] A.a.O., S. 114.

[108] Rauschning, Gespräche, S. 111.

[109] Rauschning, Gespräche, S. 127 ff. Rauschning, Revolution des Nihilismus (S. 248 f.), schreibt den Begriff „Entvölkerung" Haushofer zu.

Hitler über seine Ostpolitik macht. Hier spricht er von einer „Technik der Entvölkerung", die nicht als Ausrottung definiert wird, aber als Versuch, systematisch zu verhindern, daß sich die große natürliche Fruchtbarkeit der „Millionen einer minderwertigen, sich wie das Ungeziefer vermehrenden Rasse" auswirke. „Es gibt viele Methoden, einen unerwünschten Volksstamm systematisch und verhältnismäßig schmerzlos, jedenfalls ohne viel Blutvergießen, zum Aussterben zu bringen." Diese sozusagen restriktive Anwendung darwinistischer Prinzipien schließt auch das Instrument der Umsiedlung fremder Volksstämme aus den zu dem Machtkern eines deutschen Großreichs gehörenden Gebieten, von denen Österreich, Böhmen und Mähren, die Westgebiete Polens „bis an gewisse strategische Grenzen", die baltischen Staaten und im Westen Elsaß und Lothringen ausdrücklich genannt werden [110], in sich. Innerhalb dieser Grenzen sind die fremden Stämme zu „beseitigen", wobei die Tschechen ausdrücklich genannt werden, die „heraus aus Mitteleuropa", nach Sibirien oder in die wolhynischen Gebiete müssen, während die Bevölkerung der baltischen Länder zu germanisieren sei. Solche Sätze aus den Jahren 1933/34 sind sonst nicht belegt; man wird sie aber für möglich halten, jedenfalls enthalten sie die Anweisungen, die zwar nicht für die Tschechen, aber für die Polen in den Westgebieten des polnischen Staates seit Ende 1939 angewandt wurden.

Hitler entwickelt bei Rauschning in diesem Zusammenhang sein Programm einer sozialen Revolution, die auf den Untergang des Bürgertums und die Herausbildung einer neuen Herrenschicht zielt und als eigentliche Begründung einer expansiven Revolution verstanden werden muß [111]. Die Herrenschicht wird aus dem Kampf um die Macht geboren und von den besonders verdienten und besonders verantwortlichen Führerpersönlichkeiten geschaffen, der neue Mittelstand von den hierarchisch geordneten Parteimitgliedern gebildet, während die „unterworfenen Fremdstämmigen" als „moderne Sklavenschicht" unter dem „neuen Hochadel" existieren dürfen [112]. Hitler nennt dies die „neue europäische Sozialordnung", die im Osten geschaffen werden müsse. Sie wird von Hitler nach Rauschning als „natürliche Ordnung" definiert, in der die Klassen Völker sind, die als Schichten übereinander gelagert sind, anstatt nebeneinander zu wohnen. „Zu dieser Ordnung werden wir zurückkehren, sobald die Folgen des Liberalismus überwunden sein werden." [113] „Die volle Freiheit der Bildung ist das Privi-

[110] Rauschning, Gespräche S. 42. In Revolution des Nihilismus ist (S. 249) von „Bevölkerungsschub" die Rede.
[111] Rauschning, Gespräche, S. 45 f.
[112] Rauschning, Gespräche, S. 46.
[113] Rauschning, Gespräche, S. 217.

leg der Elite und derjenigen, die sie besonders zuläßt." Der breiten Masse kommt nur die „Wohltat des Analphabetismus" zu [114]. Die Interpretation der nationalsozialistischen Revolution als einer Verwandlung der Klassenkampflehre in offenen Nationalismus mit primitiven Methoden der Unterwerfung aus dem Kolonialsystem der frühen Neuzeit ist in dieser konsequenten Form nicht nur Deutung Rauschnings gewesen. Während aus der Frühzeit des Dritten Reichs dazu keine Parallelen existieren, findet sie eine Bestätigung in den von Dr. Henry Picker aufgezeichneten und zuletzt von P. E. Schramm herausgegebenen Tischgesprächen, wo in vielen Punkten damit übereinstimmende Sätze Hitlers aufgezeichnet sind. Hier werden unter dem Datum des 11. April 1942 in der „Wolfsschanze" als Worte Hitlers notiert: „Für die Beherrschung der von uns im Osten des Reiches unterworfenen Völker müsse es deshalb oberster Grundsatz sein, den Wünschen nach individueller Freiheit weitgehendst zu entsprechen, jede staatliche Organisation zu vermeiden und die Angehörigen dieser Völkerschaften dadurch auf einem möglichst niedrigen Kulturniveau zu halten." [115] Daher keine politischen Zusammenschlüsse über der Gemeindeverwaltung, kein Schulzwang, keine hygienischen Vorschriften, außer für Deutsche, nur Entwicklung des Verkehrs, Beherrschung durch ein Netz von Militärstützpunkten.

An anderer Stelle ist von deutschen „Vizekönigen" die Rede (1. August 1941) [116] und wenig später noch in der Euphorie der ersten Siegesmonate in Rußland am 8./9. und 10. September 1941 entwickelt Hitler folgendes Zukunftsbild, das an die „neue Sozialordnung" bei Rauschning nahe herankommt: „Bei unserer Besiedlung des russischen Raumes soll der ‚Reichsbauer' in hervorragend schönen Siedlungen hausen. Die deutschen Stellen und Behörden sollen wunderbare Gebäulichkeiten haben, die Gouverneure Paläste. Um die Dienststellen herum baut sich an, was der Aufrechterhaltung des Lebens dient. Und um die Stadt wird auf 30 bis 40 Kilometer ein Ring gelegt von schönen Dörfern, durch die besten Straßen verbunden. Was dann kommt, ist die andere Welt, in der wir die Russen leben lassen wollen, wie sie es wünschen. Nur, daß wir sie beherrschen. Im Falle einer Revolution brauchen wir dann nur ein paar Bomben zu werfen auf deren Städte, und die Sache ist erledigt. Einmal im Jahr wird dann ein Trupp Kirgisen durch die Reichshauptstadt geführt, um ihre Vorstellung mit der Gewalt und Größe ihrer steinernen Denkmale zu erfüllen" [117]. Wer Hitlers Konsequenz bei

[114] Rauschning, Gespräche, S. 47.
[115] Picker, Tischgespräche, S. 270.
[116] Picker, Tischgespräche, S. 137.
[117] Picker, Tischgespräche, S. 143. Vgl. auch die von H. Heiber publizierten Dokumente zum „Generalplan Ost" in Vjh. f. Zeitgeschichte VI, 1958, S. 281 ff.; C. Madajczyk (Hrsg.): Generalplan Ost, in: Polish Western Affairs 3, 1962, S. 391 ff.

allem Improvisieren von Fall zu Fall – seine „wandellose Kerngestalt", wie es Ernst Nolte nennt [118] – und die inzwischen zur Gewißheit gewordene frühe Prägung seiner politischen Grundvorstellungen in Rechnung stellt, wird zu dem Schluß kommen, daß die von Rauschning überlieferten Darlegungen auch schon für die Jahre 1933/34 mindestens einen hohen Grad von Wahrscheinlichkeit haben. Aus der politischen Situation vom Winter 1939/40 allein lassen sie sich trotz der beginnenden Zerschlagung und Vernichtung der polnischen Oberschichten nicht erklären.

Soweit sich die Lebensraum-Ideologie auf den kontinentalen Expansionsraum beschränkt, steht sie durchaus im Einklang mit den Darlegungen Hitlers im Zweiten Buch, nur wird in den Rauschning-Gesprächen offener zwischen einer Mehrphasen-Politik unterschieden: in der ersten Phase, so sagt Hitler bei Rauschning Anfang 1934 etwa im Augenblick des Abschlusses des Paktes mit Polen solle die Schaffung des „stählernen Kerns eines zu unverbrüchlicher Einheit geschmiedeten, großen Deutschland" stehen: Österreich, Böhmen und Mähren, der polnische Westen. „Der Block, von hundert Millionen, unzerstörbar, ohne Riß und ohne fremde Nationen." [119] In der zweiten Phase soll dann die Schaffung eines „Bunds von Hilfsvölkern" im Osten, Westen und Norden stehen. Hitler nennt hierbei Polen, die baltischen Staaten, Ungarn, die Balkanländer, die Ukraine, das Wolgaland, Georgien, und im Westen Holland, Flandern, Nordfranken, im Norden Dänemark, Schweden, Norwegen [120]. Hier werden etwa mit einigen Abweichungen die Grenzen der Kriegsexpansion gezogen, die im Augenblick der Niederschrift von Rauschnings Buch nur in Polen erreicht waren. Die folgenden Angriffe im Norden, Westen, Südosten und Osten in den Jahren 1940 und 1941 mußten geradezu wie die konsequente Ausführung dieses Programms wirken und dadurch den Wirkungsgrad der Rauschning-Gespräche außerordentlich steigern, da aus dem Handeln Hitlers alle Züge der Improvisation oder der Reaktion auf das Handeln anderer Mächte genommen zu sein schienen. Hier steht man einem Kernpunkt der Rauschningschen Analyse Hitlers gegenüber. Gab sie das Hitlersche Denken in dessen eigenen Aussagen wieder oder war sie das Ergebnis einer außerordentlichen Fähigkeit der tiefenpsychologischen Auslotung von Hitlers Charakter, verbunden mit einem hochentwikkelten Sinn für Prognose? Ich wage hier nicht, ein entschiedenes Urteil zu fällen [121].

[118] Ernst Nolte, Der Faschismus in seiner Epoche, München 1963, S. 18.
[119] Rauschning, Gespräche, S. 118.
[120] Rauschning, Gespräche, S. 118.
[121] Die sonst zur Verfügung stehenden Quellen enthalten immer nur undeutliche Angaben über einen zu gewinnenden Lebensraum. Im „Zweiten Buch" ist einmal (S. 102) von 500 000 qkm Boden mehr in Europa die Rede, der Millionen deutscher Bauern neue

Auf ganz ungesichertem Boden befinden wir uns, sobald wir uns mit den Bemerkungen in den „Gesprächen" befassen, die sich auf den amerikanischen Kontinent beziehen. Es mußte sich hier um die dritte Phase von Hitlers Weltreichspolitik handeln, für die seine Europapolitik die Machtbasis schaffen sollte [122]. Hier wird von Brasilien als „deutschem Dominium" und Mexiko als „deutschem Neuland" [123] gesprochen und von einer völligen Revolutionierung der USA als „Vorstufe der Eingliederung der Vereinigten Staaten in das deutsche Weltimperium". Erst der Nationalsozialismus sei berufen, sagt Hitler etwas zurückhaltender nach Rauschning etwa im Juni 1933, das amerikanische Volk von seiner herrschenden Clique zu befreien und ihm die Möglichkeit wiederzugeben, eine große Nation zu werden [124]. Solche Ausführungen sind durchaus zu vereinbaren mit dem, was sonst überliefert ist, wenn man auch davon ausgehen muß, daß die Wiederaufnahme der Welt- und Kolonialpolitik, die Hitler noch im Zweiten Buch wie in „Mein Kampf" emphatisch abgelehnt hatte, sich auf Afrika und nicht auf Lateinamerika beziehen sollte. Im Zweiten Buch findet sich lediglich die Andeutung, daß Nordamerika in der Zukunft nur der Staat die Stirn zu bieten vermöge, „der es verstanden hat, durch das Wesen seines inneren Lebens sowohl als durch den Sinn seiner äußeren Politik den Wert seines Volkstums rassisch zu heben und staatlich in die hierfür zweckmäßigste Form zu bringen", allerdings müßten sich daran „eine ganze Anzahl von Nationen zu beteiligen vermögen" [125]. Was hier noch defensiv formuliert wird, erscheint in den Rauschning-Gesprächen in ganz offensiver Form als Schaffung eines neuen Amerika, das

Heimstätten bieten, der deutsche Volkskraft für den Entscheidungsfall aber Millionen Soldaten zur Verfügung stellen würde. Hier ist offenbar nur an das deutsche Kernreich gedacht. In der Ansprache des Reichskanzlers an die Befehlshaber des Heeres und der Marine kurz nach der Machtübernahme am 3. Februar 1933 (Aufzeichnungen des Generals Liebmann, in: Neue Dokumente zur Geschichte der Reichswehr 1930–33, Vjh. f. Zeitgeschichte II, 1954, S. 397 ff., Nr. 8, dazu auch die Aufzeichnungen Mellenthin, Zeugenschrifttum des Instituts für Zeitgeschichte, zitiert bei G. Weinberg, The Foreign Policy of Hitler's Germany S. 26) ist nur allgemein von „Eroberung neuen Lebensraums im Osten und dessen rücksichtsloser Germanisierung" die Rede.

[122] Rauschning, Gespräche, S. 61 und 64.

[123] So Rauschning in Gespräche, S. 64. Zum Problem vgl. auch A. Hillgruber, Der Faktor Amerika in Hitlers Strategie (vgl. Anm. 101). Die eingehende Darstellung von K. Hildebrand, Vom Reich zum Weltreich. Hitler, NSDAP und koloniale Frage 1919–1945, München 1969, nennt Lateinamerika nicht.

[124] Rauschning, Gespräche, S. 68.

[125] Hitlers Zweites Buch, S. 130. Im Schlußwort (S. 218) wird dieser Gedanke noch einmal aufgegriffen: „In ferner Zukunft läßt sich dann vielleicht eine neue Völkervereinigung denken, die, aus Einzelstaaten mit hohem Nationalwert bestehend, dann der drohenden Überwältigung der Welt durch die amerikanische Union entgegentreten könnte. Denn mir scheint, daß den heutigen Nationen das Bestehen der englischen Weltherrschaft weniger Leiden zufügt als das Aufkommen einer amerikanischen."

die stärkste Stütze „für uns" darstellen wird, „wenn wir erst den Sprung aus Europa in die überseeischen Räume machen werden" [126].

Wir müssen noch einmal auf die von Rauschning versuchte Deutung der nationalsozialistischen Expansion als einer Form der sozialen Revolution zurückkommen. Die auch in den Hitler-Gesprächen auftauchende Idee vom deutschen Weltimperium wäre danach die letzte Gestalt einer eine neue Herrschafts- und zugleich Sozialordnung begründenden sozialen Umwälzung gewesen. Rauschning hat diese Gedanken zuerst und intensiver in seiner „Revolution des Nihilismus" entwickelt, sie sind aber auch in den „Gesprächen mit Hitler" verzeichnet. Es wird gewiß von Rauschning eine richtige und heute in manchen Untersuchungen wieder aufgegriffene Beobachtung gemacht, wenn er in der nationalsozialistischen Machtergreifung in ihren ersten Phasen – und nur diese waren ihm unmittelbar gegenwärtig – den Versuch zu einer „gesamtgesellschaftlichen Revolution" sieht [127], allerdings einer ziellosen Revolution, bei der es das einzig Sichere ist, daß sie den Untergang des Bürgertums bedeuten werde. Rauschning verhehlt sich aber nicht, daß diese Aussicht spätestens mit dem 30. Juni 1934 zu Ende gegangen ist: Gregor Strasser und Ernst Röhm sind die Opfer, die Hitler für seine Politik, die zu etwas ganz anderem als einem Sozialismus irgendwelcher Art führte, gefordert hat. Rauschning berichtet über die Äußerungen Hitlers nach der Röhm-Affäre, von seiner Ablehnung nicht nur eines Sozialismus im Sinne der Enteignung der Besitzerschicht und einer berufsständischen Ordnung, zu der in Danzig Anläufe gemacht wurden [128]. Er läßt Hitler voraus das ominöse Wort vom „befestigten Feldlager" sprechen, das von nun an die Ordnung Deutschlands sein werde [129]. Damit war nach dieser Deutung schon

[126] Rauschning, Gespräche, S. 70.

[127] Rauschning, Revolution des Nihilismus, S. 147: „Es ist ein Umschmelzungsprozeß von unabsehbarem Umfang, der in Deutschland begonnen hat, und es ist mitten aus ihm heraus schwer die Richtung zu weisen, in der ein neues Leben beginnen könnte. Das alte ist unwiderruflich hin. Die Mächte der Erhaltung haben sich selbst der Zerstörung ausgeliefert und damit mindestens ihre Existenzberechtigung in ihrer jetzigen Gestalt aufgehoben. Die deutsche Revolution hat die Pforte aufgestoßen zu einer gesamtgesellschaftlichen Revolution." In den „Gesprächen mit Hitler" wird (S. 51) der Nationalsozialismus als „eine unfraglich echte revolutionäre Bewegung im Sinne einer letzten krisenhaften Übersteigerung des Aufstands der Massen" definiert. – Die Frage nach dem revolutionären Charakter des Nationalsozialismus wird von M. Broszat, Soziale Motivation und Führer-Bindung des Nationalsozialismus, Vjh. f. Zeitgeschichte XVIII, 1970, S. 395, dahin beantwortet, daß er von einem „zwitterhaften, zugleich revolutionären und restaurativen Verhältnis zur überkommenen Gesellschaft und Wertetradition" spricht. Vgl. auch die Darstellung bei David Schoenbaum, Hitler's social revolution. Class and Status in Nazi Germany 1933–39, London 1966. Der Vf. beruft sich mehrfach auf Rauschning.

[128] Rauschning, Gespräche, S. 168 ff.

[129] Rauschning, Gespräche, S. 165.

im Jahre 1934 die Entscheidung für die außenpolitisch-militärische statt einer innenpolitisch-gesellschaftlichen Revolution gefallen. Wenn man diese Deutung dahin erweitert, daß die soziale Revolution bis nach dem Sieg nur vertagt werden sollte, so ist sie in ihrem Kern sicher zutreffend. Die Prognose des Untergangs des deutschen Bürgertums, die Rauschning aufstellte, ist zwar für die Hitler-Ära noch nicht klar sichtbar geworden, wenigstens nicht in höherem Grade, als dieser Untergang schon mit den Ereignissen seit 1914 eingeleitet worden war. Immerhin aber gehört die fortschreitende Zerstörung der ideellen und moralischen Substanz des deutschen Bürgertums doch zu den Prozessen, die die Geschichte des Hitler-Reichs begleiten und auch durch die relative materielle Erholung der bürgerlichen Schichten in den ersten Jahren des Regimes nicht verdeckt werden können. Insoweit trifft das von Rauschning für Oktober 1933 überlieferte Wort Hitlers zu: „Das Geheimnis des nationalsozialistischen Erfolges ist die Erkenntnis vom unwiderruflichen Ende des Bürgertums und seiner bürgerlichen politischen Begriffswelt." [130]

Die letzte Frage, die wir zu stellen haben, ist die nach dem Hitler-Bild, das uns durch Rauschning vermittelt wird. Dabei muß man wohl die sprachliche Form an den Anfang rücken, in der Rauschning Hitler wiedergegeben hat. Sie hat bei ihm ein Reflexionsniveau und eine Ausdruckskraft erreicht, die deutlich zu einer Brechung der Hitlerschen Sprache in einem geistigeren Medium geführt hat. Von einem „in die Höhe stilisierten Hitler, nicht einem vulgären", hat Rauschning später einmal gesprochen [131]. Indessen bleibt vieles von Hitlers Wortschatz und auch von seiner Diktion bei Rauschning erhalten. So finden sich für Hitler charakteristische, auch sonst belegte Formulierungen wie: eiskalt, eiserne Konsequenz, Härte, brutale Gewalt, abwertende Urteile wie „reaktionäre Kaffeetanten, Betschwestern" u. a. [132]. Was fehlt, ist im allgemeinen der schwerfällige, mit Nominalkonstruktionen überladene Hitlersche Stil, dem auf der anderen Seite für Rauschning und nicht für Hitler kennzeichnende Formulierungen von großer Bildhaftigkeit wie „Organisationsbarbaren", „Ribbentrops aller Ressorts", „Sicherheitsparteigenosse", der „zwangsgelesenste Autor", der Tag von Potsdam als „feierliches Staatsbegräbnis einer aus preußischen Wurzeln sich verjüngenden Ordnung" gegenüberstehen [133]. Die Monotonie der Hitlerschen Monologe hat Rauschning hingegen oft überzeugend eingefangen, an einigen Stellen

[130] Rauschning, Gespräche, S. 104.
[131] In einer Äußerung zu R. Breyer, Das Deutsche Reich und Polen, S. 88, Anmerkung 85.
[132] Rauschning, Gespräche, S. 82, 86, 88, 94, 95, 115, 118. Vgl. dazu die Äußerungen in dem Kapitel „Hitler privat" (Anlage 4, S. 80 ff.).
[133] Rauschning, Gespräche, S. 90, 167, 193, Revolution des Nihilismus, S. 205.

wie am Schluß erliegt er allerdings der Versuchung, durch die Auslese einzelner Sätze aus Hitlers Reden den Eindruck aphoristischer Ausdrucksweise zu erwecken, die für Hitlers langatmige Redeweise keineswegs kennzeichnend ist. Wir erfahren bei Rauschning manche Namen von Autoren, die Hitler genannt oder zitiert haben soll: u. a. Othmar Spann, Nietzsche, Houston Stewart Chamberlain, Graf Gobineau, Häckel, Darwin, Goethe, Stefan George. Mit Richard Wagner, der „größten Prophetengestalt, die das deutsche Volk besessen habe“, befaßt sich ein Kapitel. „Der neue Machiavelli“ ist eines der letzten Abschnitte von Rauschnings Buch überschrieben [134]. Bei der im letzten noch immer nicht behobenen Unklarheit über das Ausmaß und die Auswahl der Lektüre und Literaturkenntnisse Hitlers – von „Lesefrüchten einer apokryphen Literatur“ spricht auch Rauschning [135] – sind solche Hinweise zweifellos von Bedeutung, wenn sie auch nicht immer durch andere Zeugnisse bestätigt werden. Unmittelbare Kenntnisse Hitlers von Machiavelli z. B., wie sie in den „Gesprächen“ behauptet werden, lassen sich durch kein anderes direktes Zeugnis Hitlers selbst nachweisen, dagegen in Otto Strassers „Hitler und ich“ mit sehr präzisen Angaben [136].
Der Informationswert der Rauschningschen Berichte und seiner Hitler-Zitate erstreckt sich auch noch auf andere Bereiche: seit Albert Speers „Erinnerungen“ wissen wir Einzelheiten über die Megalomanie der Hitlerschen Baupläne, über den Plan der größten Versammlungshalle der Welt, der Berliner Kuppel mit dem Adler über der Weltkugel als Spitze. Bei Rauschning sagt Hitler dazu: „Seit den mittelalterlichen Domen sind wir es, die erstmalig wieder dem Künstler große, kühne Aufgaben stellen. Keine Heimstätten, keine kleinen Privatbauten, sondern das Gewaltigste, was es seit den Riesenbauten Ägyptens und Babylons gegeben hat. Wir schaffen die heiligen Bauten und Wahrzeichen einer neuen Hochkultur. Mit ihnen mußte ich beginnen. Mit ihnen präge ich meinem Volk und meiner Zeit den unverwischbaren geistigen Stempel auf.“ [137] Rauschning meint, daß diese Baupläne dann hinter den großen Aufgaben zurückgetreten seien, die die Außen-

[134] Rauschning, Gespräche, S. 249 ff. Der Abschnitt „Hitler, Wagner, Gobineau“, S. 215 ff.

[135] Rauschning, Gespräche, S. 238. Zur Lektüre Hitlers: W. Maser, Frühgeschichte der NSDAP. Hitlers Weg bis 1924, Frankfurt 1965, S. 86.

[136] Otto Strasser, Hitler und ich, 1948, S. 100: „Er, den das Lesen ermüdet und ungeduldig macht, kennt Machiavelli, aber auch den ‚Antimachiavelli‘ Friedrichs des Großen genau. Er ergreift entschlossen für Machiavelli Partei. Durch Machiavellis System versucht er, seine Verbrechen und seine Verrätereien zu rechtfertigen.“ Ein Gespräch über Machiavelli wird von O. Strasser genau datiert auf einen Besuch Hitlers bei Strassers Eltern in Dinkelsbühl. – E. Faul, Der moderne Machiavellismus, 1961, S. 303, hält Rauschnings Deutungen der machiavellistischen Handlungskonzeptionen Hitlers durch keine andere Quelle ersetzt.

[137] Rauschning, Gespräche, S. 244 f.

politik und die militärische Lage Hitler auferlegten und daß es ihm jetzt in erster Linie um den „großen Bauplan eines neuen Riesenreiches, des neuen Weltimperiums" zu tun gewesen sei [138]. Doch lassen die Erinnerungen Speers erkennen, daß Hitler beides, die Weltreichsarchitektur und die Weltreichsschöpfung bis in die Anfänge des Krieges als eine Einheit verstanden hat. In der Meinung, daß die Phantastik dieser Pläne nicht nur Wahnprodukte gewesen seien, sondern daß hinter ihnen ein tatsächlicher Wille zur Verwirklichung, zur Wirklichkeit stand, stimmen Rauschning und Speer bis in einzelne Formulierungen überein [139].

Damit stehen wir schon bei der letzten Frage, die durch Rauschnings Buch aufgeworfen wird: Welchen Beitrag liefert es nicht als Dokument wörtlicher Zeugnisse, sondern als Grundlage für eine Gesamtdeutung Hitlers? Es besteht heute einigermaßen Einigkeit in der Forschung darüber, daß es wissenschaftlich unstatthaft wäre, vor der außergewöhnlichen Erscheinung Hitler als einem nicht auflösbaren „Rätsel" zu kapitulieren, sondern daß Kategorien entwickelt werden müssen, um diesem Rätsel beizukommen. Man kann nun aber nicht sagen, daß sich diese Einigkeit auch auf die Beantwortung der Frage erstreckt, welches diese Kategorien sind oder welche als dominierend angesehen werden müssen. Am ehesten kommt man den darin enthaltenen Problemen näher, wenn man die möglichen und bisher vertretenen Kategorien einer Hitler-Deutung erst einmal nennt und dann fragt, in welche von ihnen Rauschning einzuordnen ist. Ich möchte folgende Interpretationsformen unterscheiden: 1. die soziologische, die bei ihren nichtmarxistischen Vertretern die kleinbürgerliche Herkunft und Prägung Hitlers in den Vordergrund stellt und den Willen zur gigantischen Wirkung als eine Art Reflex auf kleinbürgerliche Enge und das ihr zugehörige Ressentiment auffaßt. Bei den marxistischen Vertretern liegt der Nachdruck auf einer Theorie des Faschismus, die diesen nur als Enthüllung der Wahrheit der monopolkapitalistischen Gesellschaft, als „eine der klassischen Formen der Konterrevolution in der Verfallsepoche der kapitalistischen Gesellschaftsordnung" [140] aufzufassen

[138] Rauschning, Gespräche, S. 245.

[139] A. Speer, Erinnerungen, S. 168 f. und Rauschning, Gespräche, S. 248 f.

[140] Die erste Formulierung von M. Horkheimer, Die Juden in Europa, Zeitschrift für Sozialforschung 8 (1939), die zweite aus der Resolution des V. Kominternkongresses im Sommer 1924, zitiert im Artikel „Faschismus" (Wolfgang Schieder) in: Sowjetsystem und Demokratische Gesellschaft, Bd. 2, S. 458. Hier auch andere marxistische Faschismus-Theorien. Auffällig sind ferner die taktischen Grundsätze für die Auseinandersetzung mit der katholischen Kirche, wie sie Hitler in den „Gesprächen" vorträgt (S. 53). Hier heißt es, daß die Pfaffen klug genug sein würden, sich nicht auf einen Kampf einzulassen. „Tun sie es doch, ich werde bestimmt keine Märtyrer aus ihnen machen. Zu simplen Verbrechern werden wir sie stempeln. Ich werde ihnen die ehrbare Maske vom Gesicht reißen. Und wenn das nicht genügt, werde ich sie lächerlich und verächtlich machen." Weiter unten:

vermag. Hitler ist dann der Mann, dem geradezu die Offenbarung der innersten Antriebe des Imperialismus zugeschrieben werden kann. 2. An zweiter Stelle wäre die psychologische Deutung Hitlers zu nennen, die bis zur psychoanalytischen gesteigert werden kann und gesteigert worden ist. Sie erfaßt in Hitlers Denken und in seinen Taten primär den Ausdruck letztlich einer psychischen Abartigkeit. 3. Des weiteren kann man von einer ideologischen Deutung sprechen: ihre Hauptthesen bestehen in der Zurückführung von Hitlers politischem Konzept auf bestimmte ideologische Inhalte wie die eines extremen Nationalismus, einer besonderen deutschen Mentalität „von Luther über Bismarck bis Hitler", die in der bewußten Abkehr vom „westlichen Denken", d. h. von seinen liberaldemokratischen Grundideen, besteht; oder als dritte Möglichkeit, die vor allem Friedrich Heer „Der Glaube des Adolf Hitler" herausgestellt hat, auf eine Art Pseudomorphose der Katholischen Kirche in ein politisches Machtsystem [140a]. Die vierte Interpretationsform kann man als phänomenologische bezeichnen, und zwar im Sinne des Phänomenologie-Begriffs Nicolai Hartmanns. Sie beschränkt sich auf die Befunde und auf ihre Beschreibung und versucht von ihnen aus zu einer Theorie zu kommen. Hierher muß man Percy Ernst Schramms große biographische Skizze in der Einleitung der „Tischgespräche" oder auch Ernst Noltes Faschismus-Deutung rechnen. 5. Die fünfte und letzte Interpretationsform möchte ich als die geschichtsphilosophische bezeichnen: sie gibt Hitler und seiner Bewegung einen Standort im Geschichtsprozeß, der in dialektischer Form als Prozeß des Fortschritts oder im kulturpessimistischen Sinne als Abstieg, als Dekadenz aufgefaßt werden kann.

Rauschnings Hitler-Bild beruht auf unmittelbarer Erfahrung, wenn auch seine Niederschrift über fünf Jahre nach dem Ende seiner Beziehungen zu Hitler und zum Nationalsozialismus manche anderen Einflüsse indirekter Art enthalten kann. Es gab aber vor 1939 nur wenige Versuche einer Gesamtdeutung Hitlers, von denen Rauschning Kenntnis gehabt haben kann: Konrad Heiden, Theodor Heuss, Rudolf Olden [141]; das Wesentliche stammt

„Ich gebe ihnen ein paar Jahre Galgenfrist." Dies deutet auf die in die Jahre 1936/37 fallenden Prozesse gegen Ordensgeistliche und Priester hin. In dem Buche von Hans Günter Hockerts, Die Sittlichkeitsprozesse gegen katholische Ordensangehörige und Priester 1936/37, Mainz 1971, wird vom Vf. (S. 65, Anm. 25) auf eine Äußerung des Gauleiters Robert Wagner in Lörrach vom Spätherbst 1935 hingewiesen, die an das bei Rauschning wiedergegebene Zitat Hitlers stark erinnert. Wagner sagte, die katholische Kirche solle nicht glauben, „daß wir Märtyrer schaffen. Wir werden der Kirche diesen Gefallen nicht tun. Wir werden nicht Märtyrer schaffen, sondern Verbrecher. Ich kann ihnen versichern: wennn die Reihe Devisenprozesse vorüber ist, werden wir mit einer anderen Reihe beginnen."

[140a] Friedrich Heer, Der Glaube des Adolf Hitler, 1968.

[141] Konrad Heiden, Adolf Hitler, Zürich 1936; Theodor Heuss, Hitlers Weg. Eine Schrift

sicher aus ihm selbst und ist gerade in seiner Widersprüchlichkeit ein Zeugnis der Echtheit der Eindrücke trotz aller ins Spekulative sich verlierenden Züge. So sind Elemente der meisten hier aufgeführten Deutungsmöglichkeiten Hitlers bei Rauschning aufzufinden, allerdings in sehr unterschiedlicher Dichte und wechselnder Mischung. Das soziologische Konzept ist wohl am schwächsten vertreten, sowenig Rauschning die kleinbürgerliche Komponente in Hitlers Person und in seiner Umgebung übersieht [142]. An einer wichtigen Stelle wird vom grotesken Widerspruch zwischen dem „linkischen, ungehobelten Kleinbürger, der sich am wohlsten unter seinesgleichen fühlte, und seiner sich in lauter Verbrechen ergehenden Phantasie“ gesprochen und zu einer allgemeinen Analyse ausgeholt: „Diese Kleinbürger sind ja nicht friedlich und bramarbasieren bloß, wie das so zu sein pflegt. Sie bersten vor innerem Haß und Neid, vor Mißgunst und Scheelsucht. Sie schicken sich wirklich an, die Welt auf den Kopf zu stellen, sich mit der barbarischen Größe der heidnischen Vorzeit auszustatten oder die Verruchtheit der Renaissance nachzuspielen . . .“ [143]

Indessen weit näher liegt Rauschning die psychologische Argumentation: der Mann, der Hitler aus nächster Nähe begegnete und seine Unberechenbarkeiten unmittelbar erlebte, mußte sich sozusagen Verhaltensmuster zurechtlegen, um mit dem Phänomen Hitler zunächst praktisch und weniger theoretisch fertig zu werden. „Ich habe mich oft selbst überprüfen können“, heißt es in dem im endgültigen Text weggelassenen Kapitel „Hitler privat“, „und ich gestehe, immer wieder in seiner Nähe unter einen Bann gekommen zu sein, den ich erst hinterher wie eine Hypnose abschütteln mußte.“ [144] In diesem in der deutschen Ausgabe unterschlagenen Teil fällt das Wort vom „großen Medizinmann“. Aber auch die übrigen Abschnitte der „Gespräche“ sind mit einer Fülle psychologischer Einzelbeobachtungen durchsetzt, in denen konkrete Eindrücke von Hitlers widerspruchsvollem Charakter in sehr treffsicheren Wendungen festgehalten werden. Hitler entläßt seine Besucher wie „ein Mensch, der sich soeben eine Morphiumspritze gegeben hatte“ [145], seine Beredsamkeit wirkt wie „eine körperliche Ausschweifung“ [146] –, dies sind kluge Beobachtungen, die an der Peripherie bleiben, in das Zentrum einer

aus dem Jahre 1932, Neuausgabe Tübingen 1968; Rudolf Olden, Hitler, Amsterdam 1935.

[142] Rauschning, Gespräche, S. 71: „im Grunde spießbürgerliche kleine Mittelständler, die Hitlers engste Handlanger waren“; S. 96: „Kleinbürger und Verbrecher, das war die ‚alte Garde‘ Hitlers.“

[143] Rauschning, Gespräche, S. 87 f.

[144] Vgl. Anlage 4, S. 83.

[145] Rauschning, Gespräche, S. 162.

[146] Rauschning, Gespräche, S. 104.

Hitler-Deutung wird damit noch nicht vorgedrungen. Das geschieht aber dann in zweierlei Hinsicht einmal mit jenem Begriff, den Rauschning in der „Revolution des Nihilismus" zuerst verwendet, wo er von der „Duplizität" von Hitlers Charakter spricht [147]. Damit ist sowohl die Verbindung des Ordinären mit dem Ungewöhnlichen gemeint, wie auch die Kombination von „eiskalter" und klarer Abwägung der taktischen Situation mit einem phantastischen Programm durch den Mann, der realistisch alle Umstände prüft und zugleich in seinen letzten Zielen das Unmögliche herbeiführen will. Und dann, ebenso zuerst in der „Revolution des Nihilismus", mit dem Wort von Hitlers „mediumistischer Begabung" [148]. Hitlers revolutionäres Temperament benötigt eine Gegenwelt, braucht das Gefühl der Überlegenheit, an der sich die Sicherheit seiner Riesenmacht über „die ‚Zwerge' seiner Gegenwelt" entzündet [149]. Hitler ist nach Rauschning nicht der große Willensmensch, als der er erscheint. „Im Grunde seines Wesens ist er schlaff", heißt es in den „Gesprächen", „und apathisch und bedarf der nervösen Reize, um aus einer chronischen Lethargie sich zu krampfhaften Willensimpulsen zu steigern. Er wählte den bequemeren Weg, er ließ sich fallen, er lieferte sich den Kräften aus, die ihn im Absturz forttrugen. Gewisse Gespräche zeigten, daß er wohl eine Vorstellung hatte von dem, was ihm eigentlich als Aufgabe gestellt war. Aber solche Gespräche waren nur noch wie die Flucht in eine unwirkliche Welt, in der er sein Selbstbewußtsein steigerte. Die Entscheidung war längst gefallen. Es war nur eine Täuschung, daß dieser Mann noch eine freie Wahl hatte, mochte er auch die Anlagen zu einer höheren Entwicklung in sich gehabt haben. Er folgte einem Fallgesetz, das ihn äußerlich zum Gipfel der Macht, innerlich zu immer tieferer Abhängigkeit führte." [150] Man muß sich klarmachen, daß dies nicht nach 1941 oder 1943, nach der Eröffnung des Rußlandkrieges oder Stalingrad, geschrieben ist, sondern in den ersten Monaten des Krieges vor Beginn des Frankreichfeldzuges, und man wird dann zu dem Ergebnis kommen, daß hier ein Grundprinzip von Hitlers Natur mit hellsichtiger Klarheit erkannt ist; es läßt sich nur mit aller Vorsicht mit Goethes Vorstellung vom Dämonischen richtig bezeichnen, ein Begriff, den auch Rauschning selbst in der Verbindung „dämonischer Magie" verwendet [151]. Versetzt man diese Vorstellung in die Welt der modernen Massen-

[147] Rauschning, Revolution des Nihilismus, S. 228.
[148] Rauschning, Revolution des Nihilismus, S. 327.
[149] Rauschning, Revolution des Nihilismus, S. 327.
[150] Rauschning, Gespräche, S. 203.
[151] Rauschning, Gespräche, S. 202. Paul Tillich hat in seiner Schrift „Das Dämonische. Ein Beitrag zur Sinndeutung der Geschichte", Tübingen 1926, von der Theologie her eine Bestimmung des Dämonischen vorgenommen und dabei dessen „Dialektik" herausgearbeitet, d. h. die „Einheit von formschöpferischer und formzerbrechender Kraft"

bewegungen, so würde sie die Schwäche der Position eines Mannes bezeichnen, der nicht als Diktator souverän das Schicksal von Millionen bestimmte, sondern von den Kräften, die hinter ihm standen, zu anderen Zielen getragen wurde, als er sie sich ursprünglich vorgestellt hatte. „Er hielt sich zwar oben, aber er verlor die Unabhängigkeit der Entscheidung", schreibt Rauschning [152]. Es handelt sich dabei im letzten um ein Identitätsverhältnis, das auf der gemeinsamen Basis eines Krisenerlebnisses beruhte. Rauschning stimmt darin mit der neuesten Deutung Hitlers überein, wie sie jüngst von Martin Broszat gegeben wurde: nach ihr habe es sich bei Hitler um eine psychisch-geistige Verfassung gehandelt, „die in extremer Weise selbst so tief von der Krisen- und Panikstimmung ihrer Zeit und Gesellschaftsschicht gezeichnet war, daß sie ihren Ton instinktiv traf, einer Person wie Hitler, die mit dem zunehmenden Selbstbewußtsein des erfolgreichen Massenagitators immer mehr die eigene Mission und die bisher auf absonderliche Weise vergeblich gesuchte Großartigkeit persönlicher Existenzerfüllung fand". Hier ist auch davon die Rede, daß Hitler die eigene Neurose als allgemeine Wahrheit zu erleben und die kollektive Neurose zum Resonanzboden der eigenen Besessenheit zu machen vermochte [152a].

Rauschning hat nicht immer die passive und reaktive Rolle Hitlers in gleicher Weise dargestellt. In der „Revolution des Nihilismus" ist es die revolutionäre Elite, die den Massen das Gesetz auferlegt [153], und in ihrem Zentrum „steht die Gestalt des Führers". „Dieses Charisma des Massenführers, des großen Demagogen und Revolutionärs, ist eine Realität, die man nicht wegleugnen sollte, auch wenn man persönlich von ihm nicht berührt ist." [154] Das „Charisma" des Führers dient ebenso der Aufrechterhaltung der Herrschaft der Elite, die die Revolution vorantreibt, wie der unübersichtliche und komplizierte Apparat der Partei, der einen „geradezu raffinierten Willen" zeigt, ein „alles umfassendes Beherrschungsinstrument" auszubilden [155], wie Rauschning in Verkennung der inneren Disharmonie in diesem Apparat, der später immer mehr zur „Polykratie" einzelner Gruppen ten-

(S. 9). Hier wird das Zerstörerische zwar als integrierender Bestandteil des Dämonischen angesehen, aber ebenso auch die „schöpferische Form". In stark religiösen Zeiten werde das Dämonische dem Satanischen so angenähert, daß die schöpferische Potenz verschwinde und damit der Begriff unwirklich werde. Ohne diese letzte Konsequenz zu ziehen, hat Rauschning zweifellos die Annäherung des Dämonischen an das Satanische in der Beurteilung Hitlers gesehen.

[152] Rauschning, Gespräche, S. 204.

[152a] Martin Broszat, Soziale Motivation und Führer-Bindung des Nationalsozialismus, Vjh. f. Zeitgeschichte XVIII, 1970, S. 392 ff. Zitate S. 401 f.

[153] Rauschning, Revolution des Nihilismus, S. 65 ff.

[154] Rauschning, Revolution des Nihilismus, S. 70.

[155] Rauschning, Revolution des Nihilismus, S. 77.

dierenden Auflösung [156], meint. Es fällt auf, daß in den „Gesprächen" die Funktion der Elite und an ihrer Spitze der charismatische Führer zurücktritt hinter einer Glorifizierung der Partei, wie sie Hitler selbst in den Mund gelegt wird. Man liest dann: „Die Partei ist gutwillig. Die Partei versteht alles." „Die Partei ist ein unbestechlicher Richter." [157] Hitler leugnet, ein Diktator zu sein, und bezeichnet es als seine vornehmste Aufgabe, sich niemals im Gegensatz zu seiner Partei zu befinden. Hitler bleibt immer abhängig von seinen Gauleitern, die eifersüchtig über ihre Prärogative wachen [158]. An anderer Stelle wird in fast marxistisch klingender Formulierung von Hitler gesagt: „Die Partei übernimmt die Funktion der bisherigen Gesellschaft." [159] Man kann sagen, daß hier das Wesen eines totalitären Einparteisystems umschrieben wird, aber dies allein würde die im Gegensatz zu Rauschnings älterem Werk auffallende Schroffheit der Formulierungen nicht hinreichend erklären, vielmehr muß man sie auch aus dem Zusammenhang verstehen, in dem sie stehen: Rauschnings Politik in Danzig führte zu einem offenen Konflikt mit der Partei – das ist es, was die Person des Senatspräsidenten für Hitler untragbar macht. Die Unterordnung unter den Willen der Partei, die Hitler sogar für seine Person zu vollziehen angibt, ist eine Forderung an Rauschning, der im Begriffe steht, eine Häresie zu vollziehen, zum Abtrünnigen zu werden. Andererseits ist für Rauschning die Abhängigkeit Hitlers von den Gauleitern konkret die Abhängigkeit von Gauleiter Forster.

Was die dritte, die ideologische Deutung Hitlers anlangt, so gibt Rauschning keine volle Klarheit. Die These von der doktrinlosen Revolution, auf Hitler selbst angewandt, müßte zu dem doktrinlosen Revolutionär führen. Rauschning ist in den „Gesprächen" noch keineswegs von seinem früheren Buch über die Revolution des Nihilismus vollständig abgerückt, noch spricht er von der „rücksichtslosen Gelegenheitspolitik, die mit ungeheuerlicher Leichtigkeit alles über Bord wirft, was ihr noch soeben als fester Grundsatz galt" [160]. Aber der freie Verfügungsraum der nihilistischen Machtanwendung ist doch schon eingeschränkt durch ein System fester politischer Doktrinen, unter denen die vom Lebensraum, vom darwinistischen Recht des Stärkeren und von der Rasse als der Grundkraft der Zukunft zu nennen sind. Hitler distanziert sich bei Rauschning von Nation und Nationalismus „als noch verbindlichen Orientierungsmarken". „Der Begriff der Nation ist leer gewor-

[156] Dazu Martin Broszat, Der Staat Hitlers. Grundlegung und Entwicklung seiner inneren Verfassung. dtv Weltgeschichte, Bd. 9, 1969, S. 363 f.
[157] Rauschning, Gespräche, S. 184, 185.
[158] Rauschning, Gespräche, S. 185, 186, 204.
[159] Rauschning, Gespräche, S. 179.
[160] Rauschning, Gespräche, S. 127.

den", läßt Rauschning Hitler sagen. „Ich habe mit ihm aus zeitgeschichtlich bedingten Gründen noch beginnen müssen. Aber ich bin mir von vornherein darüber klar gewesen, daß dies nur vorübergehende Geltung beanspruchen konnte. Die ‚Nation' ist ein politisches Hilfsmittel der Demokratie und des Liberalismus. Wir müssen diesen falschen Begriff wieder auflösen und ihn durch den politisch noch nicht verbrauchten der Rasse ersetzen. Nicht die historisch gewordenen Völker sind der Ordnungsbegriff der Zukunft – und alles Herumordnen und Zurechtschneiden von Grenzen und Siedlungsgebieten ist ein müßiges Unterfangen –, sondern der von ihm überdeckte Rassebegriff." [161] In diesem Zusammenhang fällt auch das Wort von der „neuen antihistorischen Ordnung" [162]. So konsequent dieser Gedankengang ist, sowenig wird er durch frühere oder spätere Äußerungen Hitlers gerade in dieser Konsequenz gedeckt. Aus allem, was wir sonst von Hitler an Aussagen über Nation und Rasse kennen, geht vielmehr hervor, daß sein Rassebegriff nicht zu einer Überwindung, sondern vielmehr zu einer Neubegründung eines durch seine Anwendung grenzenlos gewordenen, in Imperialismus verwandelten Nationalismus geführt hat [163]. Der Anwendungsbereich dessen, was unter Nation verstanden wird, wird ins fast Ungemessene ausgedehnt, wenn die Beliebigkeit rassischer Merkmale die Einverleibung und Assimilierung fremder Völker, in anderer Weise auch ihre Beherrschung oder Vernichtung, ermöglicht. Hitler ist auf seine Art bis zuletzt Nationalist geblieben, in Rauschnings Überlieferung der Hitler-Worte über die Nation schimmert vielmehr eine ihm, dem Mann der konservativen Revolution naheliegende Selbsttäuschung über die Überwindung des Nationalismus durch.

Es bleibt noch, wenn man den phänomenologischen Deutungsversuch als eine Form der wissenschaftlichen Reflexion über Hitler beiseite läßt, weil er eine Rauschning noch nicht gegebene Möglichkeit darstellt, die geschichtsphilosophische Wertung Hitlers. Manches darüber ist schon mittelbar ausgesprochen worden, aber die entscheidende Frage blieb noch offen, ob Rauschning ein geschichtsphilosophisches Konzept vorträgt und an welche Stelle in ihm Hitler gerückt ist. Hierüber hat Rauschning weniger in den „Gesprächen"

[161] Rauschning, Gespräche, S. 218. Vgl. auch dazu die aufhellende Analyse bei Rauschning, Revolution des Nihilismus, S. 249 ff. „Nation und Imperium".

[162] Rauschning, Gespräche, S. 219.

[163] Dazu auch die Äußerung Rauschnings, Gespräche, S. 46: „Weltimperien entstehen zwar auf einer nationalen Basis, aber sie lassen diese sehr bald weit unter sich." Hier ist auch an die These vom Klassenkampf der Nationen, vgl. oben Anm. 113, zu erinnern. In den Tischgesprächen findet sich unter dem 22. I. 1942, S. 161 f. eine dieses Thema berührende Stelle: „Es ist nicht ausgeschlossen, daß wir bei einer gleichmäßigen zweihundertjährigen Führung das Nationalitätenproblem gelöst haben. Mit Anbruch des dreißigjährigen Krieges war es schon soweit."

als in der „Revolution des Nihilismus" geschrieben und in diesem Buche sein Bekenntnis zu einem Europa abgelegt, in dem sich ein allgemeines Bewußtsein des „unum necessarium" durchzusetzen beginnt [164], der Notwendigkeit nämlich der „rechtlichen Gemeinschaft wahrer Staaten", wie er nach einem Wort Adam Müllers sagt. Demgegenüber kommt Hitler nur die Funktion eines Zerstörers zu, oder wie er mit Jacob Burckhardt formuliert: eines bloßen kräftigen „Ruinierers", der wie der Mongole Timur die Entwicklung seines Volkes nicht fördert und nach dem es schlimmer ist als vorher [165]. Vollzieht der Ruinierer aber einen notwendigen Prozeß, besorgt er nach der List der Vernunft die Geschäfte des Weltgeistes, indem er gewaltsam aus dem Wege räumt, was ohnehin fallen muß? Rauschning bejaht dies in einem Punkte wenigstens: „Hitler vollzog auf seine Weise vielleicht", schreibt er, „nur ein unabänderliches historisches Gericht: die Auflösung des deutschen Bürgertums, das nie über die primitivsten Anfänge eines politischen und geistigen Selbstbewußtseins hinausgekommen ist." [166] Das könnte im Sinne Hegels oder sogar des Marxismus dialektisch interpretiert werden, indem die Bourgeoisie, die nach Marx selbst eine revolutionäre Kraft war, dabei ist, ihre eigene Überwindung herbeizuführen, um den Sieg des Proletariats vorzubereiten. Doch so ist es bei Rauschning zweifellos niemals gemeint, wenn es auch auffallend ist, wie sehr sich Hitler in Rauschnings „Gesprächen" bemüht, als „Vollstrecker des Marxismus" zu erscheinen [167]. Was er vielmehr wollte, war eine Warnung aussprechen, um den endgültigen Sieg des Nationalsozialismus zu verhindern, diejenigen Kräfte zum Widerstand aufrufen, auf die er wie bei der Reichswehr noch eine Hoffnung setzte, die Rettung

[164] Rauschning, Revolution des Nihilismus, S. 356.

[165] Jacob Burckhardt, Weltgeschichtliche Betrachtungen, Ausgabe Sammlung Kröner, S. 229 f. M. Broszat, Soziale Motivation und Führer-Bindung des Nationalsozialismus, a.a.O., S. 405, hat die „Selektion der negativen Weltanschauungselemente" aus der inneren Logik und radikalen Konvergenz eines Systems hergeleitet, das von der propagandistisch und organisatorisch benutzten Dynamik der breiten unteren und mittelständischen Schichten lebte.

[166] Rauschning, Gespräche, S. 206.

[167] So auf S. 175: „Der Nationalsozialismus ist das, was der Marxismus hätte sein können, wenn er sich aus der absurden, künstlichen Bindung mit einer demokratischen Ordnung losgelöst hätte."
Solche Bekenntnisse sind sonst bei Hitler nicht belegt. In den „Tischgesprächen" findet sich unter dem 2. VIII. 1941, S. 138 f., allerdings eine längere Ausführung über die deutschen Kommunisten, an deren Schluß es heißt: „Aber an sich sind mir unsere Kommunisten tausendmal sympathischer als zum Beispiel ein Starhemberg (der österreichische Heimwehrführer Ernst Rüdiger Fürst von Starhemberg, Anm. d. Vfs.). Es waren robuste Naturen, die, wenn sie länger in Rußland gewesen wären, vollkommen geheilt zurückgekommen sein würden."
Auch S. 225: „Ich habe die revolutionäre Technik bei Lenin und Trotzki und anderen Marxisten studiert."

herbeizuführen, bevor das Bürgertum der Vernichtung anheimfiel. Rauschning hat das Programm einer „konservativen Revolution", das, wie Golo Mann bemerkt hat, auf der Linie des 20. Juli 1944 lag, nicht in den „Gesprächen mit Hitler" entwickelt, die in erster Linie eine Kampfschrift und keine Programmschrift waren, sondern in der „Revolution des Nihilismus". Hier erscheinen die Prinzipien einer europäischen Föderation, der Wiederherstellung monarchischer Autorität auf christlicher Grundlage, einer im Zeichen sozialer Gerechtigkeit stehenden Sozialverfassung und letztlich der Aufrichtung einer Ordnung im Geiste der Rechtsidee, die berufen ist, an Stelle der Revolution und des von ihr verursachten Staatsabsolutismus zu treten – Prinzipien, die auch nach dem Untergang des Nationalsozialismus eine historisch gewordene Welt widerspiegeln, so unentbehrlich manche von ihnen auch für den Aufbau einer neuen Welt sind.

Wir kommen zum Schluß. Rauschnings „Gespräche mit Hitler" sind kein Quellendokument, von dem man wörtliche und protokollarische Überlieferung Hitlerscher Sätze und Sentenzen erwarten darf, so vieles auch darin diesen Erfordernissen entspricht. Es ist ein Dokument, bei dem sich objektive und subjektive Momente vermischen und Wandlungen der Meinung des Autors über seinen Gegenstand mit in diesen Gegenstand eingegangen sind. Sie sind aber ein Dokument von unbezweifelbarem Quellenwert insofern, als sie Deutungen enthalten, die aus unmittelbarer Einsicht erwachsen sind. Einsicht soll hier im doppelten Sinne des Worts verstanden werden: als die Form der direkten Anschauung und zugleich als das Ergebnis, das aus einer Anschauung durch Nachdenken hervorgeht. Die in ihm enthaltene Gesamtdeutung Hitlers ist für den Zeitraum von 1932–1934 durch keine andere Quelle ersetzt, so vieles seither über Hitler und von Hitler erschienen ist. Die zeitliche Einordnung der Gespräche ermöglicht überdies den Nachweis der Kontinuität Hitlerscher Ideen zwischen 1928, dem Jahr der Entstehung des „Zweiten Buches" und den zahlreichen Quellen aus dem II. Weltkrieg, vor allem den Tischgesprächen. Schließlich sind Rauschnings „Gespräche mit Hitler" ein Dokument für den Autor selbst, der von der konservativen Revolution ausgehend in nahe Berührung mit der Bewegung Hitlers geriet, ihr in führender Funktion diente und sich dann mit tiefem Erschrecken abwandte. Diese nahe Berührung mit dem Nationalsozialismus, das Eintreten in den innersten Kreis schuf Voraussetzungen für ein Urteil über Hitler, über die kein Außenstehender verfügte und die deshalb zu ungewöhnlichen Ergebnissen führten. Im Abstand von drei Jahrzehnten sind dann den „Gesprächen" Rauschnings die Erinnerungen Albert Speers als das einzige vergleichbare, in seinem Quellenwert noch höherstehende und Hitlers ganze Entwicklung von 1933 bis 1945 einschließende Werk gefolgt.

Anlage 1

Versuch einer Chronologie der Gespräche Rauschnings mit Hitler

Die Anzahl der Begegnungen Rauschnings mit Hitler und ihr genaues Datum läßt sich auf Grund der „Gespräche" nicht präzis bestimmen, da Rauschning des öfteren bei einem Besuch geführte Gespräche und Reden Hitlers auf mehrere Kapitel seines Buches verteilt und wiederum an anderer Stelle Äußerungen aus mehreren Besuchen zusammenfaßt. Im folgenden sollen die Begegnungen festgehalten werden, für die Rauschning selbst einen, wenn auch nicht immer auf den Tag bestimmbaren Termin angibt, oder für die andere Quellen vorliegen. Die Teilnahme an der Mittagstafel in der Reichskanzlei wird hierbei im allgemeinen nicht berücksichtigt.

1. August 1932: Besuch in Obersalzberg zusammen mit dem Danziger Gauleiter Forster und dem SA-Führer Linsmayer. (Gespr. S. 18 ff.)

2. Sommer 1932: Tagung eines „kleinen Kreises" im Braunen Haus in München. Einladung erging von Darré. Thema: Grundlinien einer Ostraumpolitik. Hitler hält eine Rede über seine ostpolitischen Ziele.
(Gespr. S. 35 ff.)

3. 30. März 1933 (?) (in den „Gesprächen", S. 76 „kurz nach dem Reichstagsbrand"): das Datum wird von Prof. Hans Mommsen nach einer Zeitungsmeldung über den Empfang von Gauleiter Forster angenommen. Dieser Empfang für Gauleiter Forster und die SA-Führer von Danzig, nicht für Rauschning, wird auch durch eine Aufzeichnung des Ministerialdirektors Mayer vom Auswärtigen Amt vom 31. März bestätigt (Pol. Archiv, Danzig-Politik, März 1932 – April 1935)

4. 7. April 1933 (In „Gesprächen" ist von dem Tag die Rede, an dem die Institution der Reichsstatthalter geschaffen wurde): Rauschning bei Hitler am Vormittag zum Vortrag in der Reichskanzlei, an der Mittagstafel Hitlers und am späten Abend. Anlaß des „Vortrags" wird nicht genannt. Möglicherweise ist dieser Besuch auch mit dem vom 30. März identisch.

5. 1. Juni 1933: Nach einem Brief von Rauschning an Staatssekretär Lammers, wo von einem Empfang der Vertreter der künftigen Danziger Regierung beim Reichskanzler am 1. Juni die Rede ist (Documents on German Foreign Policy, 1918–1945, Series C, Vol. I, S. 501)

In den „Gesprächen" S. 83 wird nur gesagt, daß der Besuch nach den Danziger Wahlen (28. Mai) stattgefunden hat. In dem im Bundesarchiv verwahrten Aktenband der Reichskanzlei betr. Angelegenheiten Danzigs (BA-Signatur: R 43 I/377) findet sich ein Schreiben Dr. Rauschnings vom 2. Juni an Staatssekretär Dr. Lammers, in dem von der Audienz bei Hitler am 1. Juni die Rede ist.

6. Frühsommer 1933 (so nach „Gespräche“, S. 94): „Führerbesprechung“ im ehemaligen preußischen Herrenhaus, anschließend hatte Rauschning Gelegenheit, Hitler „im engeren Kreis“ zu hören.

7. 17. Oktober 1933: Besuch bei Hitler nach Rückkehr von Völkerbundstagung in Genf, wo Rauschning in der Ratssitzung vom 28. September gesprochen hatte. Bei diesem Gespräch schlägt Rauschning Hitler ein Zusammentreffen mit Pilsudski vor. (Gespr. S. 107.) Über diesen Besuch Rauschnings liegt ein kurzer Bericht Neuraths in den Akten des Auswärtigen Amtes vor (Büro Reichsminister, Akte betr. Danzig, Aktenzeichen 55, Bd. 2, vgl. Text Anlage 2), ebenso eine Unterlage aus den Akten der Reichskanzlei R 43 I/377. Hier heißt es: „Der Präsident Dr. Rauschning möchte dem Herrn Reichskanzler Bericht erstatten über die Beziehungen Danzigs zu Polen und die zukünftigen Beziehungen Danzigs zu Polen.“

8. Anfang 1934 (wahrscheinlich Januar, da für 26. Januar ein Gespräch Rauschnings mit Neurath bezeugt ist, am gleichen Tage Abschluß des Nichtangriffspaktes mit Polen. (Gespr. S. 109 ff.)

9. Frühjahr 1934: Bericht Rauschnings über Stand der Verhandlungen Danzigs mit Polen. (Gespr. S. 120 ff.)

10. Februar 1934: möglicherweise mit vorigem Besuch identisch. (Gespr. S. 145 ff.) Von einer Vorladung Rauschnings durch Hitler wegen der Lage in Danzig und der Politik Rauschnings ist auch später (Gespr. S. 183 ff.) die Rede.

11. Zwei Monate nach Audienz vom Februar, also wohl April 1934: nach Ministerratssitzung über Danzigs Währungsfrage Audienz bei Hitler.

12. Frühsommer 1934: Besprechung im kleineren Kreis mit Vertretern der Auslandsdeutschen. (Gespr. S. 135 ff.)

13. Wenige Tage nach Rede Hitlers vom 3. Juli 1934: Situation nach 30. Juni 1934. (Gespr. S. 156 ff.) Besuch wird auch Gespr. S. 65 erwähnt, außerdem im Memorandum Rauschnings über die Lage Danzigs Ende September 1934. Hier heißt es „Anfang Juli“.

Von den hier aufgezählten Begegnungen Rauschnings mit Hitler habe ich nur für zwei eine Aktennotiz auffinden können, und zwar für die vom 1. Juni 1933 (Nr. 5) und vom 17. Oktober 1933 (Nr. 7). (Gespr. S. 83 und S. 101 ff.) Aus der Notiz über die Besprechung vom 17. Oktober lassen sich einige interessante Rückschlüsse ziehen: so hat Rauschning offenbar diese Begegnung in zwei auseinandergezogen: in eine erste (Gespr. S. 97 ff.), in der von der Frage der Danziger Politik und Währungspolitik die Rede ist, und in eine zweite (Gespr. S. 101 ff.), in der u. a. von den Beziehungen zu Polen gesprochen wird. Hierbei ergeben sich zwei nicht unwichtige Differenzen: nach der Darstellung Rauschnings (S. 98 ff.) schlägt Hitler vor, daß

Danzig an den Stichtagen, an denen die Deckung der Danziger Währung regelmäßig ausgewiesen wird, Danzig Devisen vom Reich ausgeliehen bekommt, die dann wieder zurückgegeben werden sollen. Außerdem verweist Hitler Rauschning an den Reichswirtschaftsminister Funk. In der Notiz Neuraths heißt es aber: „Sodann kam Herr Rauschning auf die beabsichtigte Transaktion mit der Bank Polski zu sprechen. Der Kanzler verwies Herrn Rauschning an den Reichsbankpräsidenten Schacht und an mich, da er über diese technischen Fragen nicht genügend Bescheid wisse."

Eine zweite Differenz ergibt sich aus der Darstellung, die Rauschning von der vorgeschlagenen Begegnung Hitlers mit Pilsudski bringt. Bei Rauschning heißt es (S. 107): „Hitler kam dann auf die polnische Politik zu sprechen und beauftragte mich, den polnischen Marschall Pilsudski zu einer Aussprache mit ihm zu bewegen. Die Verbesserung des Verhältnisses zu Polen lag ihm damals besonders am Herzen. Er äußerte auch hier seine Bereitwilligkeit zu jedem, noch so weitgehenden Pakt mit Polen." Neurath berichtet dagegen: „Herr Rauschning schlug dem Kanzler endlich noch ein Zusammentreffen zwischen ihm und Pilsudski vor. Der Reichskanzler lehnte den Gedanken nicht vollständig ab, meinte jedoch, die Angelegenheit müßte gut vorbereitet werden, jedenfalls käme ein Zusammentreffen zwischen ihm und Pilsudski in Danzig, wie dies Herr Rauschning vorgeschlagen hätte, nicht in Betracht."

Anlage 2

Aufzeichnung des Reichsministers Frhr. von Neurath über einen Empfang Rauschnings bei Hitler am 17. Oktober 1933

(Polit. Archiv des A. A. Büro Reichsminister, Akten betr. Danzig)

Es handelt sich um die einzige, mir bekanntgewordene Niederschrift über eine Begegnung Rauschning–Hitler von dritter Seite. Vgl. dazu „Gespräche" S. 107.

Bei dem Empfang des Präsidenten des Danziger Senats, Herrn Rauschning, durch den Herrn Reichskanzler brachte Rauschning zunächst die Sprache auf die Schwierigkeiten, die ihm durch die lokale SA., SS. und auch den Gauleiter Forster immer wieder gemacht würden und die eine Gefährdung der Autorität der Danziger Regierung sowie ihrer Bestrebungen, zu einem Ausgleich mit Polen zu kommen, darstellten. Der Kanzler verwies Herrn Rauschning deswegen an den Stabschef Röhm, der von ihm Weisungen erhalten werde. Sodann kam Herr Rauschning auf die beabsichtigte Transaktion mit der Bank Polski zu sprechen. Der Kanzler verwies Herrn Rauschning an den Reichsbankpräsidenten Schacht und an mich, da er über diese technischen Fragen nicht genügend Bescheid wisse. Im übrigen billigte der Kanzler die Bestrebungen der Danziger Regierung, soweit dies ohne Gefährdung des deutschen Charakters von Danzig und der deutschen Interessen überhaupt möglich sei, zu einer Verständigung mit Polen auf allen Gebieten zu kommen.

Herr Rauschning schlug dem Kanzler endlich noch ein Zusammentreffen zwischen ihm und Pilsudski vor. Der Reichskanzler lehnte den Gedanken nicht vollständig ab, meinte jedoch, die Angelegenheit müßte gut vorbereitet werden, jedenfalls käme ein Zusammentreffen zwischen ihm und Pilsudski in Danzig, wie dies Herr Rauschning vorgeschlagen hätte, nicht in Betracht.

Berlin, den 17. Oktober 1933
v. N.

Anlage 3

Dokumente aus der Zeit des Sturzes Rauschnings

a) Reichsminister des Auswärtigen Freiherr von Neurath an Reichskanzler Adolf Hitler
(Abschrift, Politisches Archiv des Auswärtigen Amts)

Berlin, den 29. September 1934

Sehr verehrter Herr Reichskanzler!

Der Senatspräsident von Danzig, Dr. Rauschning, hat mir gestern die anliegende Denkschrift über die Lage Danzigs Ende September 1934 überreicht mit der Bitte, sie an Sie weiterzuleiten und eine baldmöglichste Entscheidung herbeizuführen. Aus Berichten des Generalkonsuls in Danzig und anderen Nachrichten geht hervor, daß die Gegensätze zwischen dem Gauleiter Forster und dem Senatspräsidenten Rauschning in letzter Zeit eine weitere Verschärfung erfahren haben. Der Grund dafür dürfte in erster Linie in Eingriffen Forsters in die Verwaltung Danzigs zu suchen sein. Es ergibt sich dies auch aus der Ziffer IV (Seite 18) der beiliegenden Denkschrift Rauschnings.

Mit Rücksicht auf die schwierige Stellung der Stadt Danzig erscheint es mir notwendig, dem Dualismus zwischen der Parteileitung und der nationalsozialistischen Regierung Danzigs Einhalt zu tun, und ich möchte deshalb vorschlagen, daß Sie, wie dies übrigens bereits einmal geschehen ist, dem Gauleiter Forster die Anweisung geben, sich jeder Eingriffe in die Exekutive zu enthalten. Der Senatspräsident Rauschning befindet sich zur Zeit hier und wohnt im Hospiz am Bahnhof Friedrichstraße, Albrechtstr. 8. Er hat gebeten, von Ihnen empfangen zu werden. Falls dies möglich ist, würde ich es für sehr nützlich halten.

Mit deutschem Gruß!
gez. Frhr. v. Neurath

b) Memorandum des Senatspräsidenten der Freien Stadt Danzig Dr. Hermann Rauschning für Reichskanzler Hitler über den Reichsminister des Auswärtigen Freiherrn von Neurath

(Abschrift Politisches Archiv des Auswärtigen Amts. Englische Übersetzung gedruckt in: Documents on German Foreign Policy 1918–1945, Serie C, Bd. III, Nr. 224, S. 432–444, vgl. Anm. 92 und Text S. 40f. dieser Abhandlung.)

Dr. Rauschning *Z. Z. Berlin, 28. September 1934*

Senatspräsident
der Freien Stadt Danzig

An den
Herrn Reichsminister Freiherr von Neurath,
Berlin

In der Anlage erlaube ich mir, ein Memorandum über die gegenwärtige Lage Danzigs mit der Bitte um Weiterleitung an den Herrn Führer und Reichskanzler unter Herbeiführung einer baldmöglichsten Entscheidung vorzulegen.

gez. Rauschning

Memorandum
über die Lage Danzigs Ende September 1934

A. Allgemeine Grundsätze

Politik und Wirtschaft Danzigs sind aufs engste in ihren Möglichkeiten durch die besondere Rechtslage eingeschränkt. Jeder Versuch, über die durch Verträge und vom Völkerbund garantierte Verfassung gezogenen Schranken hinauszugehen, muß zu schweren Rückschlägen, wenn nicht zum Verlust Danzigs führen. Die Aufgaben der politischen Führung Danzigs können daher zurzeit nur sein:

1. A u ß e n p o l i t i s c h unter Vermeidung von Konflikten mit Polen und dem Völkerbund seine selbständige Stellung weitmöglichst zu halten. Sich jetzt auf Versuche grundsätzlicher Änderung des Danziger Statuts einzulassen, ist zwecklos, weil dazu erst die Lage im Reich gereift sein muß. Derartiges auch nur öffentlich durchblicken zu lassen, bedeutet Schwächung der jetzigen Position durch Zweifel an der Aufrichtigkeit der gegenwärtig notwendigen Politik.

2. I n n e n p o l i t i s c h heißt die Aufgabe Anpassung der nationalsozialistischen Prinzipien an die Erfordernisse der demokratischen Verfassung und Parteiideologie, die zurzeit nicht selbst bei verfassungsmäßiger Mehrheit beseitigt werden kann. Jeder Versuch, die deutsche Entwicklung annähernd nachzuahmen, führt auch hier zu Konflikten schwerster Art und muß sich außenpolitisch mindestens in einer Auslieferung an den guten Willen Polens auswirken.

3. W i r t s c h a f t l i c h ist die Aufgabe Danzigs, sich weitgehendst aus eigener Kraft zu halten, bis das Reich wieder in der Lage sein wird, Danzig finanziell zu unterstützen und Absatzmarkt für seine Erzeugnisse zu sein. Rüstungen und Wirtschaftsausbau des Reichs durch ohne äußerste Not geforderte Unterstützungen in Devisen zu gefährden oder auch nur zu verzögern, kann selbst nicht im eigenen Interesse Danzigs liegen, das ohne absehbares Wiedererstarken des Reichs verlorengehen müßte. Danzig muß daher selbst vorübergehend schwerste wirtschaftliche Rückschläge, erhöhte Arbeitslosigkeit, Ausblutung der Landwirtschaft etc. durch eine unvermeidliche Deflationspolitik hinnehmen in der Annahme, daß bei den in 2½ Jahren bevorstehenden Neuwahlen sich gewisse Erleichterungen werden spürbar machen können. In diesem Aufgabenkreis lag auch der unbedingt notwendige und am 6. August 1934 erfolgte Abschluß der Wirtschaftsabkommen mit Polen, der Danzig die Möglichkeit wirtschaftlichen Durchhaltens aus eigener Kraft gewährt und überhaupt erst die Voraussetzung bildet für eine selbständige Wirtschaftsführung Danzigs ohne Unterstützung des Reichs, allerdings unter der Voraussetzung, daß seine Innen- und Wirtschaftspolitik nicht selbst billigen Anlaß gibt, seitens Polens das Abkommen nicht einzuhalten.

4. W e h r p o l i t i s c h ist mit der Sicherung nach innen die Wahrung der Wehrehre bei außenpolitischen Komplikationen das Hauptziel der an sich über den Rahmen der Danziger Politik hinausgehenden beschränkten Aufrüstung. Dabei müssen Wünsche der SA. und SS. zurücktreten im Interesse der Landespolizei als der einzigen Wehrformation.

*Diesem Grundsatz gegenüber haben alle sonstigen auch berechtigten Wünsche, es in der Gestaltung des Staates und der Gesetzgebung dem Reiche gleichzutun, zurückzutreten, [diese wären] * zwecklos, weil aus der Rechtslage unmöglich, verantwortungslos, weil die Reichspolitik durch vorzeitige außenpolitische Konflikte in Danzig gefährdet werden könnte. Die Politik in Danzig muß sich auf das wesentliche und sachliche Bedeutungsvolle beschränken unter Verzicht auf das Dekorum. Danzig wird sich dabei höchster Selbstdisziplin zu unterwerfen haben. Es ist dabei vor allem notwendig, daß Staat und Partei eine absolut einheitliche Politik machen. Jeder Vorbehalt der Partei gegenüber notwendigen Maßnahmen der Regierung erschüttert das Vertrauen der Bevölkerung und schafft Zweifel in die unter allen Umständen als ehrlich und eindeutig hinzustellende Außenpolitik.*

* Im Text steht „ist“.

B. Gegenwärtige Lage

I. Außenpolitik

1. Polen

Polen läßt sich durch das gegenwärtige Verhältnis zum Reich in keiner Weise von einer sehr zielbewußten Politik zur Sicherung seiner Volksgruppen und politischen Ansprüche in Danzig ablenken. Das ist zurzeit ebenso hinzunehmen wie die Reichsregierung es hinsichtlich der Maßnahme gegen die deutschen Volksgruppen in Polen tut. Danzig muß ebenso wie das Reich ausweichen und seinerseits alle Verträge mit Polen loyal durchführen. Es sei dabei verwiesen auf wiederholte Vorstellungen Polens wegen Übergriffe gegen polnische Angehörige in Danzig, (seit Jahresfrist angeblich über 100 Personen mißhandelt wegen Nichtgrüßens der Hakenkreuzfahne) gegen die Rechtsprechung, scharfe Note wegen angeblicher Sabotage des Danziger Minderheitenabkommens, wobei Polen mit der Annullierung des vorjährigen Hafenabkommens droht, weitere Verstöße betreffs Beschäftigung polnischer Arbeiter, ermöglicht durch die Konstruktion der Danziger Arbeitsfront. Es sei ferner verwiesen auf die klare Forderung einer Entscheidung in der politischen Führung, die wiederholt zuletzt besonders scharf in der Angelegenheit der Saarbotschaft des Gauleiters erhoben wurde. Es sei auch auf einen Artikel vom 14. September 1934 aus dem Kurier Poranny: „Wir erwarten von dem Präsidenten Rauschning eine Intervention" über die Schulfrage, aufmerksam gemacht.

Polen scheint eine Wendung gegen Danzig für den Fall günstiger außenpolitischer Lage nicht ganz von der Hand zu weisen. Jedenfalls würde Polen bei vertragslosem Zustande oder Gefährdung seiner Rechte in Danzig unter Aussetzung jeder Rücksichtnahme auf das Reich vorgehen, was allerbedenklichste Folgen für die Stetigkeit der Reichspolitik haben müßte bzw. einen großen Prestigeverlust bedeuten würde, wenn das Reich Maßnahmen gegen Danzig wie gegen das Deutschtum im Memelgebiet hinnehmen müßte.

Die Wünsche der Partei gehen gegenüber dieser klaren Lage dahin, die Regierung zu möglichster Hinhaltung in der Vertragserfüllung zu bestimmen. (Die Ausführungen im Kurier Poranny sind annähernd richtig.) Das Recht, das der Gauleiter angeblich auf ausdrückliche Genehmigung durch den Führer gründet (in einer Senatssitzung Anfang September ausdrücklich von ihm auch für die Zukunft proklamiert), jederzeit den Willen der Bevölkerung Danzigs „zurück zum Reich zu kommen" öffentlich zu proklamieren, muß ebenso als eine schwere Beunruhigung der politischen Beziehungen bezeichnet werden, wie das Verhalten des Kultussenators in der Erfüllung der Vertragsabmachungen vom 5. August v. J. Eine nicht peinlich korrekte Durchfüh-

rung der Danzig-polnischen Verträge seitens Danzigs müßte den Zusammenbruch des ganzen schwierigen Vertragswerks mit Polen zur Folge haben. Kritische Äußerungen des Gauleiters in großen Parteiveranstaltungen über die Polenpolitik Danzigs, die in nichts durch häufig wiederholte anders lautende Äußerungen in der Öffentlichkeit entkräftet werden können, müssen bei der Kleinheit der Danziger Verhältnisse, wo nichts geheim gehalten werden kann, überaus verhängnisvoll wirken.

Trotz schwerster Bedenken und mit Sicherheit zu erwartender Einbrüche in das Danziger Deutschtum muß daher, solange die Lage des Reichs eine Änderung nicht erlaubt, die Polenpolitik beibehalten werden. Wenn auch ungerechtfertigte Ansprüche zurückgewiesen werden können, muß doch die allgemeine Linie der Ausgleichsbereitschaft weitergezogen werden. Die Regierung wird um so stärker die Danziger Position verteidigen können, je loyaler sie selbst sich an Verträge, Abmachungen und die Aufrechterhaltung verfassungsmäßiger Zustände hält.

2. *Völkerbund*

Es kann die Frage aufgeworfen werden, ob angesichts der Untätigkeit und der Unwirksamkeit der Entscheidungen des Völkerbundes Danzig von sich aus eine Politik einschlagen könnte, in der es sich über Ratsentscheidungen hinwegsetzt. Derartige Forderungen sind von der Partei in Danzig erhoben worden oder wenigstens miteingeschlossen in verlangte innerpolitische Maßnahmen, die die Verfassung verletzen.

Die Frage muß verneint werden. Abgesehen davon, daß der Völkerbund das Prestige bestimmt einem kleinen Staat wie Danzig gegenüber wird durchsetzen wollen (sei es durch internationale Polizei oder mindestens durch zeitig unerwünschte Neuwahlen), bedeutet solch Vorgehen im jetzigen Zeitpunkt, in dem Polen versucht sein könnte, neben der Kündigung des Minderheitenschutzvertrages sich weitere Rechte in Danzig zu sichern, eine unnötige Preisgabe einer Waffe. Die Aufrechterhaltung der Selbständigkeit Danzigs und seines Deutschtums verlangt vielmehr gerade jetzt eine strenge Durchführung der Bestimmungen der Pariser Konventionen als ein notwendiges Gegengewicht gegen Polen. Selbst wenn der Völkerbund jeden unmittelbaren Schritt gegen Danzig unterlassen sollte, bliebe ein Außerachtlassen des Danziger Statuts eine Auslieferung Danzigs auf Gedeih und Verderb an Polen. Es sei daran erinnert, daß in wichtigsten Lebensfragen eine Intervention des Völkerbundsrats die Danziger Situation vorübergehend wesentlich erleichtert hat (Westerplattenkonflikt). Jeder Gedanke in dieser Richtung muß daher als völlig verfehlt zurückgewiesen werden.*

* Gemeint ist „derzeit unerwünschte".

Nun geraten aber die Ansprüche der Partei auf die Durchführung der im Reich gültigen Zielsetzungen auf einen autoritären Staat ständig in schärfste Konflikte mit der durch den Rat dem Völkerbundskommissar zugesprochenen Funktion, die Innehaltung der Verfassung zu beaufsichtigen. Eine Änderung der Verfassung ist theoretisch bei einer ²/₃-Mehrheit möglich. Abgesehen davon, daß eine solche Mehrheit durch die Neuwahlen zurzeit nicht erreicht werden kann, wird der Völkerbund die Genehmigung zur Abänderung der Verfassung im Sinne eines nationalsozialistischen Staates zurzeit unter keinen Umständen geben. Vielleicht gewährt dies Moment in späterer Zukunft die Möglichkeit, die Danziger Politik in eine neue Richtung zu lenken. Zurzeit wird man sich mit der Situation abfinden müssen. Trotzdem durch Deutschlands Austritt stark entwertet und des nicht besonders regen Interesses des Rapporteurs England an den Verhältnissen in Danzig bleibt das Verfahren vor dem Völkerbundsrat immer noch ein Schutz und eine politische Möglichkeit für Danzig. Der Staat hat sich daher aus außenpolitischen Gründen mit seiner Innenpolitik an die durch die Verfassung vorgeschriebenen Schranken zu halten, wenn er nicht ein tödliches Risiko auf sich nehmen will, das wohl ein großer Staat ertragen muß, nicht aber ein kleiner wie Danzig.

II. Innenpolitik

Mit diesen außenpolitischen Bindungen sind eindeutig und mit stärkster Deutlichkeit die innerpolitischen Möglichkeiten für Danzig gegeben. Es muß nochmals mit Bedauern festgestellt werden, daß die Partei mit allen ihren Gliederungen diese grundlegenden Tatsachen nicht einsieht und wie es scheint, nicht einsehen will. Dies geht nicht nur aus den Wünschen hervor, dem Deutschen Reich in allen Maßnahmen zum totalen Staat zu folgen, stellenweise sogar wie im Versuch des ständischen Aufbaus ihm experimentweise vorauszugehen, sondern ganz besonders in einer ungeschickten und das Gegenteil des Zweckes erreichenden Terrorpolitik gegen die noch bestehenden anderen Parteien in Danzig. Der für Danzig allein mögliche Weg der Überwindung der Parteien durch allmähliche Assimilierung und geistige Überwindung, wie er zu Beginn der Regierung wenigstens mit dem Zentrum versucht wurde, wurde brüsk verlassen, um durch Verbote, Beleidigungen, Streitigkeiten, Methoden eines in schwerster Weise auf die Partei zurückfallenden Terrors die bestehenden Parteien zu zerschlagen. Die Folgen haben sich bei der gegenwärtigen Unabänderlichkeit der demokratischen Verfassung in einem Wiederaufleben der schon absterbenden Parteien gezeigt, am bedenklichsten bei der katholischen Bevölkerung im Hinblick auf das Zentrum. Auf das aller-

schärfste muß auf das Gefährliche einer solchen Politik hingewiesen werden. Wünsche, die gerade gegenwärtig sehr stark erhoben wurden, eine rücksichtslose Innenpolitik in der Unterdrückung der Parteien durchzuführen, müssen als im höchsten Grad verantwortungslos bezeichnet werden, nicht nur im Hinblick auf eine im November anläßlich der außerordentlichen Ratstagung über die Saar zu erwartende Niederlage Danzigs, sondern auch im Hinblick auf die unweigerlich zu erwartende starke Konsolidierung der Partei. Es liegen bereits Beschwerden beim Völkerbundskommissar über die Rechtslage des katholischen Bevölkerungsteils, ein Memorandum beim Völkerbundsrat über die jüdische Bevölkerung; es sind erneute Beschwerden von seiten der marxistischen Parteien zu erwarten. Jedes nicht völlig begründete Zeitungs- und Versammlungsverbot muß gegenwärtig zu einer Aufrollung der Frage der Rechtslage in Danzig unter der gegenwärtigen Regierung führen.

1. Infolge Streitigkeiten von Angehörigen der Hitlerjugend mit der Christusjugend, Angriffen gegen katholische Geistliche, Beleidigungen, ist ein überaus gespanntes Verhältnis des Zentrumrestes zum Staat eingetreten. Ein mehrmonatliches Zeitungsverbot des Zentrumblattes im vorigen Jahr führte zu einer sehr beschränkten Autoritätsbestätigung der Danziger Regierung in einer Ratstagung im Januar in Genf, wo lediglich das Eingreifen des englischen Außenministers Simon und von Herrn Eden eine Niederlage Danzigs beseitigte. Eine Wiederholung eines ähnlichen Falles vor dem Völkerbundsrat würde eine völlige Niederlage für den Staat bedeuten und müßte gerade innenpolitisch für die Partei verhängnisvollste Folgen haben. Die Wünsche der Partei auf rücksichtsloses Einsetzen des Staates gegen das Zentrum müssen daher auf das strikteste abgelehnt werden. Es sei dabei daran erinnert, daß in der katholischen Frage Polen sehr stark interessiert ist, und zwar im Sinne einer Zurückführung von Katholiken nicht fester Nationalität zum polnischen Volkstum. (Danzig hat einen nicht unerheblichen Bevölkerungsteil ursprünglich kassubischer Abstammung, der in seinem deutschen nationalistischen Staatsbewußtsein ebenso wie der Oberschlesier nicht unbedingt fest ist.) Hier liegen nicht zu unterschätzende Gefahren, die einen ungeschickten Kampf gegen das Zentrum, sobald er als ein solcher gegen die Kirche ausgelegt werden kann, zu einer Schwächung des Deutschtums führen müßte.

2. Ähnlich liegt die Judenfrage, wo nur unbedingt gravierende Gründe ein Zeitungsverbot und sonstige politischen Maßnahmen rechtfertigen könnten. Die Danziger Wirtschaft ist vom Wohlwollen der zu 85 % jüdischen Kaufleute des polnischen Hinterlandes in ihrer Existenz abhängig. Ein wenige Monate dauernder jüdischer Boykott müßte, anders wie in Deutschland, zu allerschwersten Folgen für Danzig führen. Die Politik der Regierung zielte daher von vornherein dahin ab, die maßvollen jüdischen altansässigen

Kreise gegen die radikalen Elemente aus Polen auszuspielen. Sie hielt daher eine nicht immer ganz loyale, aber doch annähernd so wie der nationalsozialistische Vorposten zur Regierung oppositionelle Zeitung „Das jüdische Danziger Echo“ unter ihrem Einfluß. Während meiner Abwesenheit in Genf ist der jüdische Schriftleiter aus nichtigen Gründen, zum Teil unter Zuspielung falschen Materials durch die Polizei verhaftet worden. Die Partei verlangt im Zusammenhang damit ein mehrmonatliches Verbot der Zeitung. Die nationalsozialistische Zeitung erging sich in Angriffen gegen die Regierung und indirekt den Präsidenten. Das ausführende Organ der Regierung wurde wegen seiner angeblichen anti-nationalsozialistischen Judenfreundlichkeit einem Untersuchungsverfahren der Partei und einem Ausschlußverfahren der SA. unterzogen. Ein Nachgeben in der Richtung der Parteiwünsche müßte zu allerschwersten wirtschaftlichen und politischen Folgerungen für Danzig führen. In der Anlage wird ein Ausschnitt aus einer Äußerung der jüdischen Telegraphenagentur mitgeteilt.

3. Berechtigt ist der Wunsch der Partei, die bereits sehr wachsende marxistische Arbeitervereinigung (zurzeit bereits annähernd 9000 Mitglieder) aufzulösen, die marxistische Zeitung zu verbieten, Maßnahmen gegen Versammlungen und Koalitionen durchführen zu lassen. Aber auch dies ist aus der Rechtslage Danzigs nur dann möglich, wenn sich die marxistischen Mitglieder klarer staatsgefährlicher Umtriebe schuldig machen. Es kann ihnen das zurzeit nicht nachgewiesen werden. Die Partei in Danzig muß es sich aber selbst zuschreiben, daß die Entwicklung unter der Arbeiterbevölkerung einen solchen Verlauf genommen hat, indem sie sich in aufgeblähten Organisationsapparaten und Aufmärschen, in falschen wirtschaftlichen Versprechungen und mit großem Wort betätigt hat, in der eigentlichen sozialen Arbeit aber dank völlig ungeeigneter und ungeschulter, lediglich mit vielen Autos und Adjutanten herumfahrender Persönlichkeiten versagt hat, und das Vertrauen der Arbeiterschaft zu verlieren beginnt. Man hätte der Entwicklung begegnen können, wenn man meinen Vorschlag, die Arbeiterschaft in einer staatlichen Zwangsgewerkschaft zu organisieren, Raum gegeben hätte, anstatt sie in eine lediglich parteimäßig aufgezogene Danziger Arbeitsfront zusammenzuschließen. Es bleibt offen, ob das Versäumte zurzeit noch nachzuholen ist. Sofern die Partei bereit wäre, ihren Apparat aufzugeben, läßt sich dies ähnlich wie beim ständischen Aufbau, an dessen Stelle unlängst Wirtschaftskammern getreten sind, durchführen.

III. Wirtschaft

Die Wirtschaftslage wird durch die Unmöglichkeit des Transfers, der sowohl für den Ausgleich notwendigen Zuschüsse des Reichs als auch der Bezahlung der vom Reich aufgenommenen Kontingente an landwirtschaftlichen Erzeugnissen und gewerblichen Waren im Veredelungsverkehr gekennzeichnet. Die Lage Danzigs darf nicht nur vom Standpunkt des Etatsausgleichs betrachtet werden, der durch Sparsamkeitsmaßnahmen erzielt werden könnte, sondern auch in bezug auf die Danzig bisher aus dem Reich zufließenden und nunmehr fehlenden Devisen für die Deckung der Danziger Währung. Die bereits von 93 % auf 68 % herabgegangene Deckung muß automatisch weitersinken, wenn nicht anderweitig Devisenzugänge erfolgen. Grundsätzlich ist die Lage Danzigs anders als die des Reichs, da in Danzig Devisenzwangsmaßnahmen infolge vertraglicher Bindungen völlig ausgeschlossen sind. Die Gefahr für die Danziger Währung ist um so größer, als sich nunmehr auch die Arbeitsbeschaffungsmaßnahmen in ihrer Auswirkung auf die Devisenlage geltend machen. Meine in dieser Richtung der Partei gegenüber schon im Winter erhobenen und auch in einer Ministerbesprechung im April vorgetragenen Bedenken über das Arbeitsbeschaffungsprogramm Danzigs sind voll bestätigt worden. Angeblich nach Aussagen der Parteileitung von der Reichsbank ausgehende Vorschläge, eine weitere Senkung des Devisen- und Goldbestandes in Kauf zu nehmen, müssen auf das entschiedenste abgelehnt werden, wenn auch dem Grundsatz zugestimmt werden muß, daß die Devisen- und Goldbestände einer Währung ihre Reserve für die Notzeit darstellen. Der weitere Goldabfluß (deckungsfähige Devisen sind zurzeit nur in noch ganz geringem Umfang vorhanden) ist ohnedies unvermeidlich, da sich die Arbeitsbeschaffungsmaßnahmen und die terminmäßigen Abzüge noch weiter auswirken. Überdies hat eine aus verantwortungslosem Geschwätz über eine bevorstehende Devalvation entstandene Panik weitere Abzüge und Umdrehungen von Bankguthaben in fremde Währungen zur Folge gehabt.

Danzig kann sich vielmehr nur selbständig erhalten, wenn seine Wirtschaft, insbesondere seine Exportwirtschaft und sein Handel mit dem dritten Auslande wieder aufblüht. Dies ist der dritte Punkt in der kritischen Lage Danzigs. Ohne die in Unkenntnis der Zusammenhänge immer wieder von der Parteileitung kritisierten und bemängelten, absolut notwendigen und gerade noch im letzten psychologisch möglichen Augenblick erfolgten Wirtschaftsverträge mit Polen stände Danzig jetzt in nahezu hoffnungsloser Situation da. Aber die Verträge verlangen zu ihrer Wirksamkeit der Konkurrenzfähigkeit der Danziger Wirtschaft nicht nur im polnischen Wirtschaftsgebiet, sondern auch gegenüber dem auf Pfundbasis ruhenden Wirtschaftsraum Eng-

lands und der Nordstaaten. Die Danziger Verhältnisse bleiben unverständlich, wenn dies übersehen wird. Danzig muß, um die fehlenden Devisen aus dem Reich anderweitig hereinzubekommen und um seine Währung zu halten, sowie in seiner Wirtschaft lebensfähig zu werden, entweder seine Währung an das englische Pfund als der natürlichsten Maßnahme, weil sie bereits in der Danziger Verfassung verankert ist und weil sie ein gewisses Interesse Englands zur Folge hätte, anhängen, oder aber die Löhne und Gehälter, die gesamte Lebenshaltung auf das Niveau der in den nordischen Staaten und in England und Polen vorhandenen herabsetzen. Es sei betont, daß es sich niemals nur um Gehaltssenkungen und Sparsamkeitsmaßnahmen der öffentlichen Hand handeln kann, dies behebt lediglich und zwar höchstens einmalig in einem Jahr die Etatschwierigkeiten und erleichtert vorübergehend die Kassenlage – es handelt sich vielmehr um eine allgemeine Maßnahme der Anpassung der Danziger Wirtschaft an die Bedingungen einer Wirtschaft größerer Räume, in die Danzig durch seine geographische Lage und politischen Bindungen zurzeit unabänderlich hineingestellt ist.

Findet die politische Führung in Danzig nicht den Mut, trotz der Unpopularität der Maßnahme einen der gekennzeichneten Wege zu gehen, so ist nicht abzusehen, wie Danzig an allerschwersten wirtschaftlichen Erschütterungen vorbeigeführt werden kann. Meine Vorstellungen und Vorschläge, auch bei der Reichsregierung gingen deshalb seit dem Winter dieses Jahres in dieser Richtung. In ihrer ganzen Bedenklichkeit wurde diese Situation Danzigs im Zusammenhang mit der einzuhaltenden Außenpolitik in einer am 18. April 1934 unter Vorsitz des Herrn stellvertretenden Führers, Reichsministers Hess, unter Beisein der Herren Reichsminister Frhr. von Neurath, Graf Schwerin von Krosigk, Schmitt sowie des Staatssekretärs Reinhardt und Vizepräsident Dreyse der Reichsbank und anderer Persönlichkeiten stattfindenden Besprechung erörtert. Ich stellte damals die Frage, welche Maßnahmen zu treffen wären, wenn das Reich seine Etatzuschüsse und die Kontingenterlöse nicht transferieren könnte. Ich führte an, daß es sehr schwierig sein würde, die Danziger Situation zu halten, wenn nicht rechtzeitig Entscheidungen getroffen würden. Ich stellte die zwei Möglichkeiten einer Devalvation (Annäherung des Guldens an das Pfund) und der Gehalt- und Lohnsenkung zur Erörterung. Eine Entscheidung wurde nicht gefällt; insbesondere nicht auf meine weitere Frage, ob durch Kabinettsbeschluß Devisen für die Zuschüsse an Danzig als vordringliche und vor allen sonstigen Devisenverpflichtungen sichergestellt werden könnten. Herr Reichsminister Hess betonte jedoch die Notwendigkeit von Sparmaßnahmen. Bei dieser Gelegenheit muß darauf aufmerksam gemacht werden, daß bereits damals der Herr Gauleiter völlig unbegründete Zusagen auf eine laufende Unterstützung Danzigs in

Devisen im Frühjahr zum Anlaß nahm, außerordentlich weitgehende Arbeitsbeschaffungsmaßnahmen, wie Theaterbau etc. gegen meine Bedenken durchführen zu lassen. Ein Umstand, der heute den Danziger Staat in schwerste finanzielle Verpflichtungen gebracht hat.

Die bald darauf eintretende Erschwerung der Devisenlage des Reichs zwang mich, aus Gründen der Loyalität gegenüber der Reichsregierung Herrn Reichsminister Hess gegenüber den Wunsch nach der Durchführung des Kabinettsbeschlusses selbst aufzugeben. Ende Juni erfolgte dann die Mitteilung, daß der Transfer der für den Etat zugesagten Mittel unmöglich und der Absatz der Kontingente bzw. die Überweisung des Erlöses zweifelhaft seien. Dem Führer des Deutschen Reichs und Reichskanzler wurde unter Teilnahme der Herren Minister Frhr. von Neurath und Graf Schwerin von Krosigk sowie unter Teilnahme des Gauleiters von Danzig Anfang Juli von mir Vortrag gehalten und ein Programm entwickelt, auf Grund dessen Danzig die Aussicht hatte, mit den Schwierigkeiten fertig zu werden. Unter den Maßnahmen befanden sich Unterstützungen des Deutschen Reichs, Sparsamkeitsmaßnahmen Danzigs und als letzter Punkt eine später in Angriff zu nehmende Devalvation durch Anhängung des Guldens an das Pfund. Letztere Frage sollte im Einvernehmen mit dem Herrn Reichsfinanzminister nach Rücksprache mit englischen Regierungsstellen, die von mir durchgeführt werden sollte, weiter erörtert werden. Das von mir damals entwickelte Programm durfte nach Billigung durch den Führer (ich stellte damals ausdrücklich zum Schluß nochmals die Frage, ob meine Vorschläge die Billigung gefunden hätten) von mir als endgültige Grundlage der zu treffenden Maßnahmen angesehen werden.

Bedauerlicherweise ist dann durch verantwortungsloses Gerede, nicht zum wenigsten in der Umgebung der Gauleitung – der Gauleiter selbst hat durch unvorsichtige Bemerkungen in einer Wechselstube und an anderen Orten selbst wesentlich und nachweislich zu dem Gerede beigetragen – eine Panik in Danzig entstanden, die zu großen Devisenabzügen führte und die Währungsbank sowie die Regierung zwang, in kräftigster Form jede Devalvation zu dementieren. Der Erfolg blieb zweifelhaft. Es war daher notwendig, zur Beruhigung sofort eindeutige Maßnahmen zu treffen. Sie konnten nur in der Richtung auf Lohnsenkungen und Gehaltseinschränkungen liegen. Diesen Augenblick hielt der Gauleiter für geeignet, mit einem als Theatercoup zu bezeichnenden Verfahren eine klare Entscheidung zu umgehen, indem er gleichzeitig das im Juli entwickelte Programm als nur bedingt akzeptiert bezeichnete. Er teilte in einer außerordentlichen Senatssitzung den versammelten Senatoren unter Beisein des Präsidenten der Währungsbank mit, daß die Reichsbank ihm für Danzig über die bisher für die Pensionszahlungen zugesicherten 500 000 RM Devisen monatlich insgesamt 2 Millionen RM in Devisen hinaus zu transferieren zugesagt habe. Diese Zusage hat sich inzwischen als eine, wie ich annehmen muß, bewußt unwahre Behauptung herausgestellt. Ich verweise hierbei auf die Aussage des Herrn Vizepräsidenten Dreyse von der Reichsbank. Damit wären aber nicht nur alle Argumente einer Politik, die auch eine zukünftige weitere schlechte Entwicklung der Devisenlage des Reichs in Rechnung stellten, aus dem Felde geschlagen, es wurden auch Forderungen nach einer „Vermehrung des Goldumlaufs" bis zu 5 % über der Zlotydeckung erhoben. Ich habe trotzdem in einer Rundfunkrede unmittelbar vor meiner Abreise nach Genf Lohnsenkungen und andere Einschränkungen angekündigt, fand jedoch nach meiner Rückkehr die Lage in Danzig derart durch Reden und Anweisungen in der Richtung versteift, daß zwar gewisse Maßnahmen, wie der freiwillige Verzicht auf ein Gehalt über 1000 G monatlich gefordert, wirksame generelle aber mit Rücksicht auf die Saarabstimmung zu unterbleiben hätten. Dabei ist die Frage, was aus den bisher auf dem deutschen Markt zu deutschen Preisen abgesetzten Kontingenten in Höhe von ca. 35 Millionen G geschehen solle, denen allerhöchstens ein Warenbezug aus Deutschland in Höhe von 15 Millionen G gegenübersteht, so daß abermals ein Betrag von 20 Millionen G in Devisen für die Danziger Wirtschaft fehlen, überhaupt noch nicht gefordert worden, obwohl sich der Gauleiter dies ausdrücklich vorbehalten hat. Vorschläge, wie sie von mir seit Herbst vorigen Jahres als Hilfsmaßnahmen vorgebracht wurden, artmäßig beschränktes Rohmaterial und Halbfabrikate als indirekten Devisentransfer Danzig für zusätzliche Arbeit zur Verfügung zu stellen sind entweder mißverständlich weiter behandelt oder völlig abgelehnt worden.

Während ich in Genf in mehrmaliger Rücksprache mit Herrn Eden und Vertretern des Foreign Office eine, wenn auch nicht besonders ermutigende, Antwort auf Hilfestellung für Danzig bekommen habe, die aber die Möglichkeit einer Anhängung an das englische Pfund nicht ausschließt, ist in Danzig von der Gauleitung unter Preisgabe des im Juli festgelegten Programms ein derartig chaotischer Zustand von Wünschen und Befürchtungen hervorgerufen worden, als eine Folge des ständigen verantwortungslosen Geschwätzes über vertraulichste Fragen, daß nunmehr eine absolut klare, nicht mehr abzuleugnende Stellungnahme zu der vordringlichsten Danziger Sorge, seiner wirtschaftlichen Existenz, und zwar besonders beschleunigt notwendig geworden ist. Danzig steht vor dem Problem des Absetzens seiner landwirtschaftlichen Erzeugnisse auf dem Weltmarkt anstatt im Reich, das mit jedem Tage schwerer lösbar wird. Die Landwirtschaft erhält seit Monaten kein Milchgeld mehr, die Zwischenfinanzierung anderer landwirtschaftlicher

Erzeugnisse durch die Bank von Danzig ist in Frage gestellt. Die gesamte Wirtschaft steht vor einer Katastrophe bei einer Änderung der Politik.

IV. Staat und Partei

Abschließend muß in diesem Zusammenhang das Verhältnis von Staat und Partei in Danzig erwähnt werden. Es ist dabei notwendig, darauf hinzuweisen, daß die Danziger Verhältnisse nicht mit denen einer entsprechenden Stadt im Reich verglichen werden können. Es ist für die Staatsautorität und die Sicherheit der Politik völlig untragbar, daß in diktatorischer Weise ein staatsrechtlich absolut unverantwortungsloser (sic) Faktor tatsächlich die gesamte Politik führt, während eine andere Persönlichkeit ohne die Möglichkeit des Geltendmachens mit anderen Mitteln als dem vernünftiger Vorstellungen, die volle Verantwortung tragen muß. Die Erörterung der vorher gekennzeichneten Probleme muß den Gedanken ausschließen, daß Partei und nationalsozialistische Regierung etwa verschiedene politische Ziele verteten könnten. Es läßt sich wohl denken, daß in beschränktem Umfange ein Spiel mit verteilten Rollen stattfinden könnte. Dies kann jedoch keinesfalls dahin führen, daß Zweifel in die Aufrichtigkeit der Politik, insbesondere der Außenpolitik bei dem Gegner aufkommen. Es ist vollkommen falsch, wenn schon jetzt später in Angriff zu nehmende und von der jetzigen Politik abweichende Maßnahmen irgendwie in der Öffentlichkeit erörtert werden. Dieses ist fortgesetzt der Fall gewesen in der Danziger Polenpolitik sowohl vor als auch nach dem Abschluß der Verträge. In engeren Führerbesprechungen, aber auch in größeren öffentlichen Versammlungen ist eine Distanzierung der Partei von den Maßnahmen der Regierung unmöglich. Sowie die Regierung darauf angewiesen ist, sich mit der Partei über die einzuschlagende Politik einig zu werden, so ist es undenkbar, daß die Partei Maßnahmen der Regierung öffentlich kritisiert. Ein Widerspruch in politischen Maßnahmen muß zu einer Zersetzung der Gefolgsbereitschaft führen und hat dahin geführt. Dies gilt insbesondere für die Verwaltung, bei der fortgesetzte Eingriffe in die Verwaltungszweige Subordination und Autorität zerbrechen. Allgemein ist in dieser Richtung ein derartiger Zustand der Direktionslosigkeit, einer völligen Verwirrung, insbesondere darüber, wessen Wirtschaftsführung und Gesamtpolitik gültig ist, eingetreten, daß mit schwersten Erschütterungen gerechnet werden muß. Ein weiteres Andauern derartig chaotischer Zustände, unabgegrenzter Befugnisse und einer Politik von Improvisationen und vagen Hoffnungen müssen nicht nur den Bestand Danzigs in Frage stellen, sondern die Existenz der nationalsozialistischen Bewegung in Danzig, die jederzeit die Probe einer vom Völkerbundsrat angeordneten Wahl auszuhalten haben wird, vernichten.

Anlage 4

Das folgende Kapitel fehlt in der Ausgabe der „Gespräche mit Hitler" und wird hier mit Erlaubnis des Verfassers und des Europa-Verlags Zürich zum erstenmal in deutscher Sprache gedruckt. Ob es in der inzwischen unauffindbaren gekürzten Ausgabe, die für die illegale Verteilung in Deutschland gedacht war und den Titel „Hitler, Gespräche und Enthüllungen" trug, ganz oder teilweise enthalten war, läßt sich nicht mehr feststellen. Wahrscheinlich ist die Weglassung des folgenden Kapitels auf die schweizerische Zensurbehörde zurückzuführen. Nach der Zählung als Kapitel XVIII war dieser Abschnitt offenbar als Schluß des ganzen Buches gedacht, das in der veröffentlichten deutschen Ausgabe 17 Kapitel umfaßt. Die französische Ausgabe, die in weit mehr Abschnitte gegliedert ist als die deutsche, gibt das Kapitel mit eigenen Veränderungen als Abschnitt XLIII unter dem Titel „Hitler tel qu'il se voit et tel qu'il est" (S. 283–291) wieder.

XVIII.
Hitler privat

Wer Hitler vor sich gesehen hat, mit den flackernden Augen ohne Tiefe und Wärme, Augen, die hinter ihrem harten Glanz gleichsam abgeriegelt, ohne Hintergrund sind, wer seine Augen dann wieder starr werden sah, dem mußte ein unheimliches Gefühl aufsteigen: dieser Mann ist nicht normal. Und dann wieder konnte man ihn viertelstundenlang apathisch dasitzen sehen, ohne ein Wort, ohne die Augen aufzuschlagen, auf eine fürchterliche Art in den Zähnen stochernd: hörte er überhaupt zu, war er geistesabwesend? Nie kam es zu einem wirklich ausgesprochenen Zwiegespräch. Entweder Hitler hörte schweigend zu, oder er „sprach". Oder er ging unruhig herum. Er ließ einen nicht zu Wort kommen, er unterbrach einen ständig, er sprang in einer beispiellosen Gedankenflucht von einem Thema zum anderen, unfähig, sich zu konzentrieren.

Ich vermag es nicht zu beurteilen, ob Hitler im klinischen Sinne dem Wahnsinn nahe ist. Was ich selbst erlebte, was mir Bekannte mitteilten, war der Ausdruck einer Hemmungslosigkeit bis zum totalen Persönlichkeitszerfall. Sein Schreien und Toben, Füßestampfen, alle die Ausbrüche seines Jähzornes, die Ausbrüche eines ungebärdigen, verzogenen Kindes: das war trotz seiner grotesken und schauerlichen Art nicht Wahnsinn. Obwohl es schon bedenklich ist, wenn ein alter Mensch an die Wände trommelt, stampft wie ein Pferd im Stall an der Kette, oder sich auf den Fußboden wirft.

Aber er hat Zustände, die an Verfolgungswahnsinn und Persönlichkeits-

spaltung nahe heranreichen. Seine Schlaflosigkeit ist mehr als nur die Überreizung seines Nervensystems. Er wacht oft des Nachts auf. Er wandert ruhelos umher. Dann muß Licht um ihn sein. Neuerdings läßt er sich dann junge Leute kommen, die die Stunden eines offenbaren Grauens mit ihm teilen müssen. Zu Zeiten müssen diese Zustände einen besonders bösartigen Charakter angenommen haben. Mir hat jemand aus seiner engsten täglichen Umgebung berichtet: er wache des Nachts mit Schreikrämpfen auf. Er schreie um Hilfe. Auf seiner Bettkante sitzend, könne er sich nicht rühren. Die Furcht schüttle ihn, so daß das ganze Bett vibriere. Er stoße verworrene, völlig unverständliche Worte hervor. Er keuche, als glaube er ersticken zu müssen. Der Mann erzählte mir eine Szene, die ich nicht glauben würde, wenn sie nicht aus solcher Quelle käme. Taumelnd habe er im Zimmer gestanden, irr um sich blickend. „Er! Er! Er ist dagewesen", habe er gekeucht. Die Lippen seien blau gewesen. Der Schweiß habe nur so an ihm heruntergetropft. Plötzlich habe er Zahlen vor sich hergesagt. Ganz sinnlos. Einzelne Worte und Satzbrocken. Es habe schauerlich geklungen. Merkwürdig zusammengesetzte Wortbildungen habe er gebraucht, ganz fremdartig. Dann habe er wieder ganz still gestanden und die Lippen bewegt. Man habe ihn abgerieben, habe ihm etwas zu Trinken eingeflößt. Dann habe er plötzlich losgebrüllt: „Da, da! in der Ecke! Wer steht da?" Er habe aufgestampft, habe geschrien wie man das an ihm gewohnt sei. Man habe ihm gezeigt, daß da nichts Ungewöhnliches sei und dann habe er sich allmählich beruhigt. Viele Stunden hätte er danach geschlafen. Und dann sei es für eine Zeit wieder erträglich mit ihm gewesen.

Hysterie ist ansteckend. Wer jemals gesehen hat, wie normale prächtige Burschen im Zusammenleben mit hysterischen Frauen langsam aber unaufhaltsam ihren Charakter verlieren, dem wird es nicht verwunderlich erscheinen, daß die Hysterie sich über die hohen Reichsleiter, Gauleiter, Beamte, Offiziere, auf ein ganzes Volk ausbreitet.

Aber wie kommt es, daß so viele Besucher dieses Mannes beglückt bis zur Ekstase in ihm den überragenden Genius sehen? Nicht Unmündige, sondern Männer voller Wissen, Erfahrung und Kritik, welchem Zauber unterlagen sie, daß sie nur stammelnd von ihrem Erlebnis sprechen konnten? Der Dichter Max Halbe, nahe befreundet mit unserem greisen Dichter Gerhart Hauptmann, erzählte mir die Begegnung Hitlers mit Hauptmann. Hauptmann, dem so etwas vorschwebte wie die Begegnung Goethes mit Napoleon, hungerte nach einem bedeutungsvollen Wort. Nun, welchem Werk des Meisters würde Hitler, selbst ein Künstler, mit dem Scharfblick des Genius mitten in das Herz schauen? Die „Weber" nicht, aber „Florian Geyer" vielleicht. Gerhart Hauptmann wurde vorgestellt. Der Führer schüttelte seine Hand. Er sah ihm in die Augen. Es war der bekannte Blick, der alle schauern macht, der Blick, von dem ein alter hoher Jurist einmal sagte, er hätte darnach nur einen Wunsch gehabt, zu Hause zu sein, um in Einsamkeit mit diesem Erlebnis fertig werden zu können. Hitler schüttelte noch einmal die Hand Hauptmanns. Jetzt, dachten die Umstehenden, jetzt wird das große Wort kommen, das in die Geschichte eingehen wird. Jetzt – dachte Gerhart Hauptmann. Und der Führer des Deutschen Reiches schüttelte zum dritten Mal und mit Nachdruck die Hand des großen Dichters und ging zum Nebenmann. Es sei der größte Augenblick seines Lebens gewesen, sagte Gerhart Hauptmann später zu seinen Freunden.

Dieser Mann, linkisch und selbst um Worte überall da verlegen, wo er nicht pathetisch sein kann, hat nicht einmal die irritierende Anziehungskraft des Dämons. Ein Mann, alles in allem gewöhnlich –, was wirkte nur auf seine Besucher?

Es gibt eine aufschlußreiche Parallele: Medien. Meist sind es gewöhnliche, unbedeutende Wesen; plötzlich aber wachsen ihnen Fähigkeiten zu, die sie weit über das Maß des Alltäglichen herausheben. Diese Eigenschaften haben keinen Teil an ihrem eigentlichen Wesen. Es sind Gäste einer fremden Ordnung. Das Medium wird von ihnen besessen. Aber es selbst bleibt unberührt und unerhoben von ihnen. So gehen unleugbar Kräfte durch Hitler durch; echt dämonische Kräfte, die den Menschen Hitler nur zum Werkzeug machen. Das Ordinäre in Verbindung mit dem Ungewöhnlichen, das ist es, was im Verkehr mit Hitler so unerträglich zwiespältig wirkt. Als ob Dostojewski ihn erfunden hätte, so wirkt dieser Mensch in seiner krankhaften Zerrüttung und falschen Schöpferkraft der Hysterie.

Ich habe wiederholt das Geständnis gehört, man fürchte sich vor ihm, man gehe – als erwachsener Mensch – nicht ohne Herzklopfen zu ihm. Man habe das Gefühl: der Mensch springe einem plötzlich an den Hals und erwürge einen, oder werfe mit dem Tintenfaß oder begehe sonst eine sinnlose Tat. Es ist sehr viel unehrliche Begeisterung mit falschem Augenaufschlag, sehr viel Selbstbetrug hinter diesen Redereien von dem großen Erlebnisse. Die meisten Besucher wollen dieses Erlebnis haben, weil sie so viel davon gehört haben. Es ist wie mit jenem unsichtbaren Bild von Tyll Eulenspiegel, von dem niemand eingestehen wollte, es nicht sehen zu können. Aber diese Besucher, die sich nicht eingestehen wollten, enttäuscht zu sein, kamen doch, wenn man sie näher beklopfte, allmählich mit der Sprache heraus. Ja, eigentlich, so recht etwas gesagt habe er nicht. Nein, bedeutend sehe er nicht aus. Das könne man nicht behaupten. Warum also sich etwas vormachen? Ja, bei Lichte besehen, sei es doch ein ziemlich gewöhnlicher Mensch. Der Nimbus, das ist alles der Nimbus.

Aber lief schließlich alles darauf hinaus, daß sich der Besucher ein großes Erlebnis nur selbst einsuggerierte? So einfach liegen die Dinge nicht. Ich habe mich oft selbst überprüfen können und ich gestehe, immer wieder in seiner Nähe unter einen Bann gekommen zu sein, den ich erst hinterher wie eine Hypnose abschütteln mußte. Er ist schon ein merkwürdiger Mann. Es führt zu nichts, nur über ihn zu spotten. Er ist schon so etwas wie der große Medizinmann. Buchstäblich aufgefaßt, in dem ganzen Umfang der Bedeutung. In der Verwilderung unseres Lebens ist es so weit, daß der Medizinmann die Rolle der Führung übernimmt. „Ich: Kaiser und Gott", das ist nicht die Formel seiner Existenz. Nichts Cäsarisches ist an ihm; nicht die Vergöttlichung des Staates in der Gottgestalt des Kaisers: das ist ein ganz falscher Vergleich, die römischen Cäsaren heraufzubeschwören. Die Schamanentrommel dröhnt um Hitler. Asiatische, afrikanische Kulte und Beschwörungen sind das eigentliche Element seiner Bezauberung. Rasende Tänze bis zur Erschöpfung. Es ist der Einbruch der Welt des Primitiven in das Abendland. ⟩
Vor nichts wird man sich mehr hüten müssen, als diesen Menschen zu übersteigern, zu verewigen und ihn zum Mythos zu gestalten. Er wird ohnedies noch lange genug die Phantasie seines Volkes beschäftigen und nicht bloß seines Volkes. Glaubt er doch selbst an die tiefste Wirkung erst nach seinem Tode. Und trotz aller Vorsicht könnte es geschehen, daß dieser Zauber wieder lebendig wird, wie jene Dämonen, die in eine Flasche gebannt, von einem ahnungslosen Finder befreit, ihm plötzlich als Riesen unter den Fingern aufwachsen. Es ist darum gut und heilsam, die Alltäglichkeit dieses Mannes kennenzulernen: Hitler, wie er wirklich ist, nicht bloß wie er spricht und wie er sich selbst interpretiert. Es ist keine erfreuliche Beschäftigung.
Hitler ist anspruchsvoll, er ist verwöhnt, er ist geldhungrig. Er kennt kein geregeltes Arbeiten. Ja, er kann überhaupt nicht arbeiten. Er hat Einfälle, Impulse. Er muß dann etwas fieberhaft zu Ende bringen. Es muß dann auch sofort schon fertig sein. Er kennt nicht die lang anhaltende, zähe Bemühung. Alles ist „Krampf" an ihm, um sein Lieblingswort zu gebrauchen. Nichts ist natürlich; auch seine Liebe zu Kindern oder Tieren: alles ist Pose. Er ist zeit seines Lebens Bohemien geblieben. Spät steht er auf. Ganze Tage kann er hindämmernd in Müßiggang verbringen. Eine gesammelte Lektüre ist ihm widerwärtig. Er bringt es nur selten fertig, ein Buch von vorn bis hinten zu Ende zu lesen. Meist liest er ein paar Seiten. Dabei hat er eine große Bibliothek. Er liebt schöne Ausgaben und Einbände. In seiner Privatwohnung in München waren ganze Wände mit Regalen vollgestellt. Die Schwester von Heß band ihm seine Bücher.

Er liebt auch einsame Spaziergänge. Er berauscht sich an den Bergwäldern.

Diese Gänge sind ihm Gottesdienst, Gebet. Er schaut in die ziehenden Wolken, lauscht dem Tropfen des Nebels von den Fichten. Er hört Stimmen.

Ich bin ihm so begegnet. Er erkennt dann niemanden. Er will allein sein. Es gibt Zeiten, wo er Menschen flieht.

Er hat die sonderbarsten Gewohnheiten angenommen. Er kann nur einschlafen, wenn sein Bett auf eine ganz besondere Art gemacht ist. Die Decke muß auf eine bestimmte Art gefaltet liegen. Seine vertrauten Männer müssen es sein, die ihm das Bett machen. Steckt hinter diesem Bettzauber ein Mutterkomplex, steckt dahinter nur die Furcht vor Vergiftung, vor einer geheimen Apparatur, Gift auf dem Kopfkissen, Höllenmaschine in der Matratze?

Hitler ist nicht von Natur tapfer, wie Göring. Er ist überängstlich. Er nimmt sich auf eine grandiose Weise wichtig. Er hat nichts von dieser Haltung, das Geschick herauszufordern und ihm zu trotzen. Er läßt sich behüten wie eine kostbare Antike. Exponiert er sich, so sind die Schutzvorrichtungen unübertrefflich. Nur für den Zuschauer besteht die Exponierung. Er ist ein verzagter, empfindlicher Mensch. Haltung und Mut muß er sich mühsam erringen. Er ist nicht unerschrocken, darum braucht er eine Vorbereitung zur tapferen Haltung. Sie wird dann auch zur barschen Forschheit. Er muß sich übersteigern, um im einfachen Sinne Gefahren standzuhalten. Ihm fehlt es an jeder natürlichen Kaltblütigkeit.

Er braucht zu allem und jedem eine Temperaturerhöhung. Zum kleinsten Entschluß, zur einfachsten Handlung bedarf er einer gewissen Veranstaltung, muß er sich heraufschrauben. Daher konnte er auch früher wochenlang stöhnen und klagen, seine Untätigkeit mit Undankbarkeit seiner Leute, mit einem bösen Geschick bemänteln. Er liebte, sich in ein Märtyrertum zu verkrampfen, in den Gedanken seines baldigen Todes zu verlieren. Es sei doch alles umsonst, es helfe doch nichts. Er kennt nur ein Mitleid, das Mitleid mit sich selbst.

Um so erstaunlicher sind dann die Ausbrüche seines „unbändigen Willens", ist dann plötzlich seine Aktivität. Dann kennt er weder Müdigkeit noch Hunger. Er lebt dann von einer krankhaften Energie, die ihn geradezu ans Wunderbare Grenzendes leisten läßt. Alles ist dann, mit seinen Worten zu sprechen, „unbändig", „unduldsam", „fanatisch". Aber alles an ihm ist sprunghaft, abrupt. Und in dieser Hinsicht zeigt er nicht die geringste Tendenz zu einer Abklärung mit dem fortschreitenden Alter. Ihm fehlt jedes Gleichmaß und ihm fehlt vor allem jede natürliche Größe, selbst in den größten seiner neugeschaffenen Riesenräume.

Hitler liebte es früher, sich mit der Reitpeitsche in der Hand sehen zu lassen. Das hat er aufgegeben. Aber die dahinter verborgenen Eigenschaften sind geblieben: Verachtung, Hochmut, Grausamkeit, Eitelkeit. Hitler hat nie ein

Pferd bestiegen. Aber die hohen Reitsteifel und die Reitpeitsche beweisen das Ressentiment, das ihm Jahre sogenannter Demütigung vor „Kavalieren“ und „Offizieren“ eingetragen haben. Welch ein eitles und empfindliches Wesen muß dieser Mensch in seiner dunklen Jugend gewesen sein. Hitler steckt voller Ressentiments. Bei einem Zufallswort, einer Ideenverbindung kommt es zum Ausbruch. Besucher von ihm haben völlig ratlos gestanden, wenn ein sichtbares Wohlwollen des Führers in heftiges Schelten und Prahlen umschlug. Mit einer harmlosen Bemerkung hatte der Besucher einen der vielen wunden Punkte berührt, wo das Selbstgefühl und die Eitelkeit verletzt waren.

Aber nicht bloß eitel und von einer mimosenhaften Empfindlichkeit ist der deutsche Führer, sondern er ist vor allem grausam und rachsüchtig. Ihm fehlt jedes Gefühl der Großmut. Der Haß aber ist ihm wie ein Wein, an dem er sich berauscht.

Grausam, rachsüchtig und sentimental: eine bekannte Mischung. Er liebte seine Kanarienvögel und konnte weinen, wenn ihm einer einging. Aber er ließ Menschen, an denen er etwas zu rächen hatte, auf die grausamste Weise in den Tod gehen. Er ißt unglaubliche Mengen von Süßigkeiten und Schlagsahne – und er begeistert sich an der Gestalt eines Sullas mit Proskriptionen und Massenhinrichtungen. Er empfahl mir einmal einen abgeschmackten Roman über Sulla als wegweisende Lektüre.

In der Umgebung dieses Mannes ist nichts natürlich und echt, nichts hat die Herzhaftigkeit eines natürlichen Triebes. Es gibt nur verborgene Beziehungen, Surrogate und Symbole, Gefühlsersatz und versteckte Begierden.

„O“, sagte zu mir einmal Forster, einer der Intimsten Hitlers, das enfant terrible unter den Gauleitern, „wenn doch Hitler wüßte, wie gut das tut, so ein frisches, natürliches Mädel zu haben.“ Forster war damals gerade auf Freiersfüßen. „Der arme Hitler“, sagte er. Ich fragte nicht weiter.

Hitler hat ein paar Akt-Bilder in einem Zimmer hängen. Er liebt die haargenaue Malerei. Kunstandacht ist nicht das Gefühl, das diese Bilder wecken. Wollte er hier bloß den großen Friedrich von Preußen und seinen Zynismus nachahmen, wie er es mit dem Hofieren von Tänzerinnen tat, um die Welt zu düpieren, um amouröse Abenteuer vorzuspiegeln, indes seine Truppen ihren Marsch auf Prag vorbereiteten, wie Friedrichs Truppen den Einfall nach Sachsen?

Friedrich von Preußen ist sein großes Vorbild. Er fühlt sich ihm verwandt. Er läßt ihm die Ehre angedeihen, als sein Vorläufer anerkannt zu sein.

Aber auch dieses Gefühl einer Heldenverehrung ist bei Hitler zum Mittel entartet. Noch in der Verehrung ist dieser Mann so von sich selbst besessen, daß er nur sein eigenes Ich im anderen verehrt. Und doch ist dieser so von seiner göttlichen Größe überzeugte Mann für jeden Beifall, für jede plumpe Schmeichelei dankbar. Er lebt vom Beifall und der Anerkennung. Er muß sich immer wieder durch äußere begeisterte Zustimmung bestätigen. Er ist immer von der Zustimmung einer Umgebung abhängig. Hitlers Selbstgefühl ist im Kreise von Frauen hochgezüchtet worden. Ein absurder Gedanke, daß gerade dieser Mann immer von einem Kreise meist etwas reifer Frauen umgeben ist, ja, daß Frauen ihn eigentlich kreieren.

Nachwort

Die hier vorgelegte Untersuchung wurde in einer ersten Fassung in der Sitzung der Rheinisch-Westfälischen Akademie der Wissenschaften, Klasse für Geisteswissenschaften, am 21. Juli 1971, vorgetragen. Aus der auf den Vortrag folgenden sehr lebhaften Diskussion, an der sich die Herren Kahle, Wolfgang J. Mommsen, Hans Mommsen, Schalk, Berglar, Wendland, Repgen, Braubach, Lausberg, Landgrebe, Seel, Harlinghausen beteiligten, konnte ich manche wesentliche Anregungen gewinnen, die mich zum erneuten Nachdenken veranlaßt haben und in den endgültigen Text eingegangen sind.

Unter denen, die mir bei meiner Arbeit wesentliche Hilfe geleistet haben, muß ich zuerst Herrn Dr. Hermann Rauschning, Portland/Oregon nennen. Er hat mich nicht nur über Einzelheiten informiert, sondern mir auch wichtige Hinweise für die Gesamtdeutung Hitlers gegeben. Ihm sei daher an erster Stelle mein aufrichtiger Dank gesagt. Vieles verdanke ich auch Gesprächen und Korrespondenzen mit Georg Streiter, dem früheren Mitarbeiter Hermann Rauschnings in Danzig und daher einem der wichtigsten Zeugen für die Danziger Ereignisse in den Jahren 1933/34.

Bei dem Versuch, die „Gespräche mit Hitler" an den primären Quellen zu überprüfen, haben mir viele Institutionen, ihre Leiter oder Mitarbeiter wertvollen Beistand geleistet. Ich nenne das Politische Archiv des Auswärtigen Amtes in Bonn und in ihm vor allem die Herren Dr. Sasse und Dr. Lange, die meine Wünsche raschestens und in unbürokratischer Weise erfüllt haben, das Bundesarchiv in Koblenz, den Europa-Verlag in Zürich, das Institut für Zeitgeschichte in München. Sie alle haben, wie es noch manche andere wissenschaftliche Institution für kleinere Detailfragen getan hat, zum Abschluß meiner Arbeit Wesentliches beigetragen, wofür ich ihnen meinen Dank ausspreche.

Köln, September 1971 *Th. Schieder*

Summary

Hermann Rauschning's book "Gespräche mit Hitler", published first in French at the end of 1939, in German in 1940, and then translated into many other languages, was a world-bestseller. The conversations contained in this book between Hitler and Rauschning, then President of the Senate of the Free City of Danzig, took place in the years 1933 and 1934. The questions arises whether these conversations are authentic and whether or not they can be regarded as primary historical sources. There can be not doubt of the book's deep and wide-reaching impact: Hitler's war policy seemed to confirm its statements in many points. It still furnished evidence for the Nuremberg trial before the International Military Tribunal. After the Second World War, however, the scholarly evaluation of the book was not unanimous: while a number of historians (e. g. H. Trevor-Roper, A. Bullock), who were interested in the person and the political system of Hitler, attributed a high source value to the "Gespräche", others (e.g. A. Jacobsen, E. Jaeckel), proceeding from particular aspects, expressed strong criticism.

An exact analysis of Rauschning's book, in which the author's earlier work "Die Revolution des Nihilismus" must also be included, demonstrates that, for the period of the conversations with Rauschning, there is at present no other primary source available which provides original statements of Hitler. That is also true of the establishing of contacts with Poland at the end of 1933 in which Rauschning's services were of considerable importance. But it must be kept in mind that, from the outset, Rauschning understood an agreement with Poland not as a tactical means as Hitler did, but principally in the sense of a "Probierfeld für Kooperation". If one considers the background of Hitler's entire policy towards the east, particularly his attitude towards the Soviet Union, then the "Gespräche" undoubtedly reproduce fundamental thoughts of Hitler as they can be found again and again not only in his "Zweites Buch", but also in the "Tischgespräche". The book, written after the outbreak of war in 1939, cannot be understood only as a reaction to the Hitler-Stalin Pact of August 1939, but it shows Hitler already predicting the attack on Soviet Russia, the fight for world domination with the Soviets as well as the setting-up of a National Socialist system of control in Eastern Europe including depopulation and the resettlement of whole peoples. Rauschning interprets the National Socialist revolution as the metamorphosis of the social revolution into nationalist expansion.

The words attributed to Hitler by Rauschning cannot be valued as being authentic in the sense that they were recorded verbatim, but they must be seen as an attempt at a composite summing-up. In this Rauschning, undoubtedly, produces something noteworthy. Several of the statements which he claims to be Hitler's are wholly confirmed by other sources as, for example, Albert Speer's memoirs. This is also valid even if one concedes that Hitler is intellectualised by Rauschning for Hitler's vocabulary is recognisable in many places in what Rauschning wrote down.

Rauschning is at his best when he interprets the whole Hitler phenomenon. To this interpretation his book provides an important contribution. This can be said for the psychological interpretation of Hitler to which he added the concept of "duplicity" in Hitler's character, that is, the combination of cold rationality with fantastic Utopian visions. It can also be said for the critical valuation of the ideological components of Hitler's policy. While in "Die Revolution des Nihilismus" the thesis of the "doktrinlose Revolution" is proposed, in the "Gespräche" the concept of the nihilistic use of power is repressed by the concept of a system of well-shaped political doctrines such as that of the "lebensraum", of the Darwinian survival of the fittest, and of race. Rauschning affirms that Hitler's concept of race has led, in the end, not to a surmounting of nationalism, but to a re-foundation of a nationalism which has become boundless and changed into imperialism.

Rauschning's "Gespräche mit Hitler" are not historical sources from which can be expected an exact and literal record of Hitler's words and opinions. The book is a document in which subjective and objective elements are intermingled and in which opinions of the author about his subject, changed in time, have entered.

The attempt of a chronology of Rauschning's conversations with Hitler, several official documents, and the reproduction of the chapter "Hitler privat", missing in the German edition of the "Gespräche", can be found in the appendix to this paper.

Résumé

Le livre d'Hermann Rauschning «Hitler m'a dit», d'abord publié en langue française à la fin de l'année 1939/40, puis traduit en de nombreuses langues, fut dans le monde entier un bestseller. Les entretiens entre Hitler et le président du Sénat national-socialiste de la ville libre de Dantzig pendant les années 1933 et 1934 peuvent-ils être considérés comme authentiques et comme source historique primaire? La profonde influence de l'ouvrage ne fait aucun doute, et la politique de guerre d'Hitler semble confirmer en de nombreux points les déclarations qu'il contient. Au procès de Nuremberg même, devant la cour de justice militaire internationale, certaines pages furent utilisées comme preuve. Les jugements portés sur la valeur scientifique du livre après la 2ème guerre mondiale furent par contre disparates: tandis qu'une partie des historiens étudiant la personne et le système d'Hitler accordaient une grande valeur à ces entretiens en tant que source (p. e. Trevor-Roper, Bullock), d'autres, partant le plus souvent de questions isolées, ont exprimé de violentes critiques (p. e. Jacobsen, E. Jaeckel).

Une analyse précise du livre de Rauschning, pour laquelle il faut consulter aussi l'ouvrage plus ancien de l'auteur intitulé «la Révolution du Nihilisme», montre que jusqu'à ce jour il n'existe aucune autre source primaire concernant cette période des entretiens avec Rauschning rapportant des réflexions directes d'Hitler. Cela est également valable pour la période du début des contacts avec la Pologne à la fin de l'année 1933, pendant laquelle Rauschning rendit de notables services, même s'il considérait un compromis avec la Pologne, de prime abord, non au plan tactique comme Hitler, mais fondamentalement dans le sens d'un «champ d'expérience pour la coopération». Si l'on prend en considération l'arrière-plan de l'ensemble de la politique d'Hitler envers l'Est, avant tout son attitude vis à vis de l'Union Soviétique, il ne fait pas de doute que ces entretiens rendent le fond de la pensée d'Hitler telle que, sans cesse, on va la trouver exposée du «Deuxième livre» jusqu'aux «Propos de table». Dans cet ouvrage écrit pendant l'hiver 1939, il ne faut pas voir seulement une réaction au pacte d'Hitler–Staline d'août 1939. L'auteur laisse déjà prévoir l'attaque contre la Russie Soviétique, la lutte contre l'Union Soviétique pour l'hégémonie mondiale de même que la mise en place d'un système de domination national-socialiste en Europe de l'Est prévoyant le déplacement et la dépopulation de nations entières. Rauschning interprète la révolution national-socialiste comme une conversation de la révolution sociale dans le cadre d'une expansion du Nationalisme en dehors des frontières.

Les phrases que Rauschning fait dire à Hitler ne peuvent pas être qualifiées d'authentiques au sens donné à un procès-verbal d'une discussion officielle, mais bien à un essai de synthèse. Le résultat atteint par Rauschning est sans nul doute remarquable: beaucoup parmi les réflexions attribuées à Hitler sont intégralement confirmées par d'autres sources, par exemple par les Mémoires d'Albert Speer. Cela est également valable, si l'on tient compte du fait que Rauschning intellectualise Hitler, même si le vocabulaire de ce dernier est perceptible dans les écrits de Rauschning en de nombreux passages.

Le mérite de Rauschning est de nous permettre une interprétation du personnage d'Hitler grâce à un livre dont l'apport est important. Cela vaut d'ailleurs aussi bien pour l'interprétation psychologique d'Hitler, pour laquelle il nous fournit la notion de «duplicité» propre au caractère de ce dernier; c'est-à-dire la conjonction entre une froide pensée rationnelle et une utopie fantastique. Ceci vaut pour le jugement concernant la composante idéologique dans la politique hitlérienne. Tandis que dans la «Révolution du Nihilisme» il exposé la thèse de la «Révolution sans doctrine», dans «Hitler m'a dit», la conception de l'emploi nihiliste de la force est remplacée par celle d'un système doctrinal d'idées politiques déterminées telles que la notion d'espace vital, le droit darwinien du plus fort et de la race. Rauschning confirme que la conception qu'Hitler se fait de la race n'a pas conduit en fin de compte à vaincre le nationalisme, mais, au contraire a mené à une renaissance d'un nationalisme sans bornes qui aboutit à l'impérialisme.

«Hitler m'a dit» n'est pas un document de base qui permettrait une transmission réelle sous forme de procès-verbal des jugements et des sentences d'Hitler; c'est un document où se mêlent des éléments subjectifs et objectifs, et dans lequel interviennent des changements de pensée de l'auteur sur son sujet.

A cette analyse sont joints un essai de chonologie des entretiens entre Rauschning et Hitler, plusieurs documents officiels, et le chapitre faisant défaut dans l'édition allemande: «Hitler en privé».

Veröffentlichungen
der Arbeitsgemeinschaft für Forschung des Landes Nordrhein-Westfalen
jetzt der Rheinisch-Westfälischen Akademie der Wissenschaften

Neuerscheinungen 1965 bis 1972

Vorträge G *Heft Nr.*		GEISTESWISSENSCHAFTEN
61	*Ulrich Scheuner, Bonn*	Die Neutralität im heutigen Völkerrecht
101	*Ivor Jennings†, Cambridge (England)*	Die Umwandlung von Geschichte in Gesetz
120	*Eleanor von Erdberg-Consten, Aachen*	Kunst und Religion in Indien, China und Japan
122	*Franz Wieacker, Göttingen*	Zum heutigen Stand der Naturrechtsdiskussion
123	*Bernhard Kötting, Münster*	Der frühchristliche Reliquienkult und die Bestattung im Kirchengebäude
124	*Günther Stökl, Köln*	Das Bild des Abendlandes in den altrussischen Chroniken
125	*Joseph Höffner, Münster*	Selbstverständnis und Perspektiven des Zweiten Vatikanischen Konzils
126	*Jost Trier†, Münster*	Wortgeschichten aus alten Gemeinden
127	*Herbert Dieckmann, Cambridge (USA)*	Die künstlerische Form des Rêve de D'Alembert
128	*Hans Welzel, Bonn*	An den Grenzen des Rechts. Die Frage nach der Rechtsgeltung
129	*Paul Mikat, Düsseldorf*	Das Verhältnis von Kirche und Staat im Lande Nordrhein-Westfalen in Geschichte und Gegenwart
130	*Ernst Langlotz, Bonn*	Die kulturelle und künstlerische Hellenisierung der Küsten des Mittelmeers durch die Stadt Phokaia
131	*Harry Westermann, Münster*	Das Verhältnis zwischen Bergbau und öffentlichen Verkehrsanstalten als Gegenstand richterlicher und gesetzgeberischer Bewertung
132	*Werner Schulemann, Bonn*	Die Kunst Zentralasiens als Ausdrucksform religiösen Denkens
	Walther Heissig, Bonn	Tibet und die Mongolei als literarische Provinzen
133	*Tilemann Grimm, Bochum*	China und Südostasien in Geschichte und Gegenwart
134	*Peter Berghaus und Karl Schneider, Münster*	Anglo-friesische Runensolidi im Lichte des Neufundes von Schweindorf (Ostfriesland)
135	*Benno von Wiese, Bonn*	Goethe und Schiller im wechselseitigen Vor-Urteil
136	*Gotthard Günther, University of Illinois (USA)*	Logik, Zeit, Emanation und Evolution
137	*Karl Heinrich Rengstorf, Münster*	Die Re-Investitur des Verlorenen Sohnes in der Gleichniserzählung Jesu Luk. 15, 11-32
138	*Gerhard Gloege†, Bonn*	Die Todesstrafe als theologisches Problem
139	*Joseph Ratzinger, Tübingen*	Das Problem der Dogmengeschichte in der Sicht der katholischen Theologie
140	*Herbert von Einem, Bonn*	Masaccios „Zinsgroschen"
141	*Karl Gustav Fellerer, Köln*	Klang und Struktur in der abendländischen Musik
142	*Joh. Leo Weisgerber, Bonn*	Die Sprachgemeinschaft als Gegenstand sprachwissenschaftlicher Forschung
143	*Wilhelm Ebel, Göttingen*	Lübisches Recht im Ostseeraum
144	*Albrecht Dihle, Köln*	Der Kanon der zwei Tugenden
145	*Heinz-Dietrich Wendland, Münster*	Die Ökumenische Bewegung und das II. Vatikanische Konzil

146	*Hubert Jedin, Bonn*	Vaticanum II und Tridentinum
147	*Helmut Schelsky, Münster*	Schwerpunktbildung der Forschung in einem Lande
	Ludwig E. Feinendegen, Jülich	Forschungszusammenarbeit benachbarter Disziplinen am Beispiel der Lebenswissenschaften in ihrem Zusammenhang mit dem Atomgebiet
148	*Herbert von Einem, Bonn*	Die Tragödie der Karlsfresken Alfred Rethels
149	*Carl A. Willemsen, Bonn*	Die Bauten der Hohenstaufen in Süditalien. Neue Grabungs- und Forschungsergebnisse
150	*Hans Flasche, Hamburg*	Die Struktur des Auto Sacramental „Los Encantos de la Culpa" von Calderón
		Antiker Mythos in christlicher Umprägung
151	*Joseph Henninger, Bonn*	Über Lebensraum und Lebensformen der Frühsemiten
152	*François Seydoux de Clausonne, Bonn*	Betrachtungen über die deutsch-französischen Beziehungen von Briand bis de Gaulle
153	*Günter Kahle, Köln*	Bartolomé de las Casas
154	*Johannes Holthusen, Bochum*	Prinzipien der Komposition und des Erzählens bei Dostojevskij
155	*Paul Mikat, Düsseldorf*	Die Bedeutung der Begriffe Stasis und Aponoia für das Verständnis des 1. Clemensbriefes
156	*Dieter Nörr, Münster*	Die Entstehung der *longi temporis praescriptio*. Studien zum Einfluß der Zeit im Recht und zur Rechtspolitik in der Kaiserzeit
157	*Theodor Schieder, Köln*	Zum Problem des Staatenpluralismus in der modernen Welt
158	*Ludwig Landgrebe, Köln*	Über einige Grundfragen der Philosophie der Politik
159	*Hans Erich Stier, Münster*	Die geschichtliche Bedeutung des Hellenennamens
160	*Friedrich Halstenberg, Düsseldorf*	Nordrhein-Westfalen im nordwesteuropäischen Raum: Aufgaben und Probleme gemeinsamer Planung und Entwicklung
161	*Wilhelm Hennis, Freiburg i. Br.*	Demokratisierung — Zur Problematik eines Begriffs
162	*Günter Stratenwerth, Basel*	Leitprinzipien der Strafrechtsreform
	Hans Schulz, Bern	Kriminalpolitische Aspekte der Strafrechtsreform
163	*Rüdiger Schott, Münster*	Aus Leben und Dichtung eines westafrikanischen Bauernvolkes — Ergebnisse völkerkundlicher Forschungen bei den Bulsa in Nord-Ghana 1966/67
164	*Arno Esch, Bonn*	James Joyce und sein *Ulysses*
165	*Edward J. M. Kroker, Königstein*	Die Strafe im chinesischen Recht
166	*Max Braubach, Bonn*	Beethovens Abschied von Bonn
167	*Erich Dinkler, Heidelberg*	Der Einzug in Jerusalem. Ikonographische Untersuchungen im Anschluß an ein bisher unbekanntes Sarkophagfragment Mit einem epigraphischen Beitrag von Hugo Brandenburg
168	*Gustaf Wingren, Lund*	Martin Luther in zwei Funktionen
169	*Herbert von Einem, Bonn*	Das Programm der Stanza della Segnatura im Vatikan
170	*Hans-Georg Gadamer, Heidelberg*	Die Begriffsgeschichte und die Sprache der Philosophie
171	*Theodor Kraus, Köln*	Die Gemeinde und ihr Territorium — Fünf Gemeinden der Niederrheinlande in geographischer Sicht
172	*Ernst Langlotz, Bonn*	Der architekturgeschichtliche Ursprung der christlichen Basilika
173		Jahresfeier am 10. Mai 1971
	Hermann Conrad, Bonn	Staatsgedanke und Staatspraxis des aufgeklärten Absolutismus
174	*Tilemann Grimm, Bochum*	Chinas Traditionen im Umbruch der Zeit
175	*Hans Erich Stier, Münster*	Der Untergang der klassischen Demokratie
176	*Heinz-Dietrich Wendland, Münster*	Die Krisis der Volkskirche — Zerfall oder Gestaltwandel?
177	*Gerhard Kegel, Köln*	Zur Schenkung von Todes wegen
178	*Theodor Schieder, Köln*	Hermann Rauschnings „Gespräche mit Hitler" als Geschichtsquelle

WISSENSCHAFTLICHE ABHANDLUNGEN

WA Band Nr.		
9	*Harry Westermann, Münster*	Welche gesetzlichen Maßnahmen zur Luftreinhaltung und zur Verbesserung des Nachbarrechts sind erforderlich?
10	*Hermann Conrad und Gerd Kleinheyer, Bonn*	Vorträge über Recht und Staat von Carl Gottlieb Svarez (1746–1798)
11	*Georg Schreiber †, Münster*	Die Wochentage im Erlebnis der Ostkirche und des christlichen Abendlandes
12	*Günther Bandmann, Bonn*	Melancholie und Musik. Ikonographische Studien
13	*Wilhelm Goerdt, Münster*	Fragen der Philosophie. Ein Materialbeitrag zur Erforschung der Sowjetphilosophie im Spiegel der Zeitschrift „Voprosy Filosofii" 1947–1956
14	*Anton Moortgat, Berlin*	Tell Chuēra in Nordost-Syrien. Vorläufiger Bericht über die Grabung 1958
15	*Gerd Dicke, Krefeld*	Der Identitätsgedanke bei Feuerbach und Marx
16a	*Helmut Gipper, Bonn, und Hans Schwarz, Münster*	Bibliographisches Handbuch zur Sprachinhaltsforschung, Teil I Schrifttum zur Sprachinhaltsforschung in alphabetischer Folge nach Verfassern — mit Besprechungen und Inhaltshinweisen (Erscheint in Lieferungen: bisher Bd. I, Lfg. 1–7; Lfg. 8–14)
17	*Thea Buyken, Bonn*	Das römische Recht in den Constitutionen von Melfi
18	*Lee E. Farr, Brookhaven, Hugo Wilhelm Knipping, Köln, und William H. Lewis, New York*	Nuklearmedizin in der Klinik. Symposion in Köln und Jülich unter besonderer Berücksichtigung der Krebs- und Kreislaufkrankheiten
19	*Hans Schwippert, Düsseldorf, Volker Aschoff, Aachen, u. a.*	Das Karl-Arnold-Haus. Haus der Wissenschaften der Arbeitsgemeinschaft für Forschung des Landes Nordrhein-Westfalen in Düsseldorf. Planungs- und Bauberichte (Herausgegeben von Leo Brandt, Düsseldorf)
20	*Theodor Schieder, Köln*	Das deutsche Kaiserreich von 1871 als Nationalstaat
21	*Georg Schreiber †, Münster*	Der Bergbau in Geschichte, Ethos und Sakralkultur
22	*Max Braubach, Bonn*	Die Geheimdiplomatie des Prinzen Eugen von Savoyen
23	*Walter F. Schirmer, Bonn, und Ulrich Broich, Göttingen*	Studien zum literarischen Patronat im England des 12. Jahrhunderts
24	*Anton Moortgat, Berlin*	Tell Chuēra in Nordost-Syrien. Vorläufiger Bericht über die dritte Grabungskampagne 1960
25	*Margarete Newels, Bonn*	Poetica de Aristoteles traducida de latin. Ilustrada y comentada por Juan Pablo Martir Rizo (erste kritische Ausgabe des spanischen Textes)
26	*Vilho Niitemaa, Turku, Pentti Renvall, Helsinki, Erich Kunze, Helsinki, und Oscar Nikula, Åbo*	Finnland — gestern und heute
27	*Ahasver von Brandt, Heidelberg, Paul Johansen, Hamburg, Hans van Werveke, Gent, Kjell Kumlien, Stockholm, Hermann Kellenbenz, Köln*	Die Deutsche Hanse als Mittler zwischen Ost und West
28	*Hermann Conrad, Gerd Kleinheyer, Thea Buyken und Martin Herold, Bonn*	Recht und Verfassung des Reiches in der Zeit Maria Theresias. Die Vorträge zum Unterricht des Erzherzogs Joseph im Natur- und Völkerrecht sowie im Deutschen Staats- und Lehnrecht
29	*Erich Dinkler, Heidelberg*	Das Apsismosaik von S. Apollinare in Classe
30	*Walther Hubatsch, Bonn, Bernhard Stasiewski, Bonn, Reinhard Wittram, Göttingen, Ludwig Petry, Mainz, und Erich Keyser, Marburg (Lahn)*	Deutsche Universitäten und Hochschulen im Osten
31	*Anton Moortgat, Berlin*	Tell Chuēra in Nordost-Syrien. Bericht über die vierte Grabungskampagne 1963
32	*Albrecht Dihle, Köln*	Umstrittene Daten. Untersuchungen zum Auftreten der Griechen am Roten Meer

33	*Heinrich Behnke und Klaus Kopfermann (Hrsgb.) Münster*	Festschrift zur Gedächtnisfeier für Karl Weierstraß 1815–1965
34	*Joh. Leo Weisgerber, Bonn*	Die Namen der Ubier
35	*Otto Sandrock, Bonn*	Zur ergänzenden Vertragsauslegung im materiellen und internationalen Schuldvertragsrecht. Methodologische Untersuchungen zur Rechtsquellenlehre im Schuldvertragsrecht
36	*Iselin Gundermann, Bonn*	Untersuchungen zum Gebetbüchlein der Herzogin Dorothea von Preußen
37	*Ulrich Eisenhardt, Bonn*	Die weltliche Gerichtsbarkeit der Offizialate in Köln, Bonn und Werl im 18. Jahrhundert
38	*Max Braubach, Bonn*	Bonner Professoren und Studenten in den Revolutionsjahren 1848/49
39	*Henning Bock (Bearb.), Berlin*	Adolf von Hildebrand Gesammelte Schriften zur Kunst
40	*Geo Widengren, Uppsala*	Der Feudalismus im alten Iran
41	*Albrecht Dihle, Köln*	Homer-Probleme
42	*Frank Reuter, Erlangen*	Funkmeß. Die Entwicklung und der Einsatz des RADAR-Verfahrens in Deutschland bis zum Ende des Zweiten Weltkrieges
44	*Reiner Haussherr, Bonn*	Michelangelos Kruzifixus für Vittoria Colonna. Bemerkungen zu Ikonographie und theologischer Deutung
45	*Gerd Kleinheyer, Regensburg*	Zur Rechtsgestalt von Akkusationsprozeß und peinlicher Frage im frühen 17. Jahrhundert. Ein Regensburger Anklageprozeß vor dem Reichshofrat. Anhang: Der Statt Regenspurg Peinliche Gerichtsordnung
46	*Heinrich Lausberg, Münster*	Das Sonett *Les Grenades* von Paul Valéry
47	*Jochen Schröder, Bonn*	Internationale Zuständigkeit. Entwurf eines Systems von Zuständigkeitsinteressen im zwischenstaatlichen Privatverfahrensrecht aufgrund rechtshistorischer, rechtsvergleichender und rechtspolitischer Betrachtungen

Sonderreihe
PAPYROLOGICA COLONIENSIA

Vol. I *Aloys Kehl, Köln*	Der Psalmenkommentar von Tura, Quaternio IX (Pap. Colon. Theol. 1)
Vol. II *Erich Lüddeckens, Würzburg* *P. Angelicus Kropp O. P., Klausen* *Alfred Hermann und Manfred Weber, Köln*	Demotische und Koptische Texte
Vol. III *Stephanie West, Oxford*	The Ptolemaic Papyri of Homer
Vol. IV *Ursula Hagedorn und Dieter Hagedorn, Köln, Louise C. Youtie und Herbert C. Youtie, Ann Arbor (Hrsgb.)*	Das Archiv des Petaus (P. Petaus)

SONDERVERÖFFENTLICHUNGEN

Herausgeber: Der Ministerpräsident und der Minister für Wissenschaft und Forschung des Landes Nordrhein-Westfalen – Landesamt für Forschung –	Jahrbuch 1963, 1964, 1965, 1966, 1967, 1968, 1969 und 1970 des Landesamtes für Forschung

Verzeichnisse sämtlicher Veröffentlichungen der Arbeitsgemeinschaft für Forschung des Landes Nordrhein-Westfalen, jetzt der Rheinisch-Westfälischen Akademie der Wissenschaften, können beim Westdeutschen Verlag GmbH, 567 Opladen, Ophovener Str. 1–3, angefordert werden.

GPSR Compliance

The European Union's (EU) General Product Safety Regulation (GPSR) is a set of rules that requires consumer products to be safe and our obligations to ensure this.

If you have any concerns about our products, you can contact us on ProductSafety@springernature.com

In case Publisher is established outside the EU, the EU authorized representative is:

Springer Nature Customer Service Center GmbH
Europaplatz 3
69115 Heidelberg, Germany

Batch number: 10584556

Printed by Printforce, the Netherlands